李海俊 著

洞察AIGC

智能创作的应用、机遇与挑战

U0293229

清华大学出版社

北京

内 容 简 介

　　AIGC 近年来发展迅速。想要深入观察和理解 AIGC，需要系统性地学习、思考和实践。本书正是应对这样的需求产生，希望本书能够帮助读者从爱好者转变成专业的思考者、理解者，再进一步找到自己运用或发展 AIGC 的领域与路径。

　　本书内容分为 3 篇：第 1 篇"AIGC 的蜕变"讲述 AIGC 的发展历史及其背后的智能；第 2 篇"AIGC 的应用"讲述 AIGC 在文学创作、日常办公、知识管理、科研出版、工业制造、健康医疗、金融服务、品牌营销领域的应用现状及常用工具；第 3 篇"AIGC 的机遇与挑战"讲述 AIGC 的资本与技术前景，同时提出需要注意的风险。

图书在版编目 (CIP) 数据

　　洞察 AIGC：智能创作的应用、机遇与挑战 / 李海俊著 . —北京：清华大学出版社，2023.7
（2024.8 重印）

　　ISBN 978-7-302-64071-4

　　Ⅰ．①洞…　Ⅱ．①李…　Ⅲ．①人工智能－研究　Ⅳ．① TP18

　　中国国家版本馆 CIP 数据核字 (2023) 第 119312 号

责任编辑： 杜　杨
封面设计： 郭　鹏
版式设计： 方加青
责任校对： 胡伟民
责任印制： 沈　露

出版发行： 清华大学出版社
　　　　　网　　　址： https://www.tup.com.cn，https://www.wqxuetang.com
　　　　　地　　　址： 北京清华大学学研大厦 A 座　　　　　　**邮　　编：** 100084
　　　　　社 总 机： 010-83470000　　　　　　　　　　　　**邮　　购：** 010-62786544
　　　　　投稿与读者服务： 010-62776969，c-service@tup.tsinghua.edu.cn
　　　　　质 量 反 馈： 010-62772015，zhiliang@tup.tsinghua.edu.cn
印 装 者： 小森印刷霸州有限公司
经　　销： 全国新华书店
开　　本： 170mm×240mm　　　　**印　　张：** 14.25　　　　**字　　数：** 265 千字
版　　次： 2023 年 8 月第 1 版　　　　**印　　次：** 2024 年 8 月第 3 次印刷
定　　价： 89.00 元

产品编号：101965-01

赞　誉

生成式人工智能是当今人工智能领域的一个热门研究方向，是一种能够自主地生成新的数据、图像、音频、文本等内容的人工智能技术。生成式人工智能技术的发展，对当今科学和社会产生了革命性的影响，成为人工智能领域的一大亮点。尤其是自 2023 年年初以来，以 ChatGPT 为代表的生成式人工智能进入市场化应用之后，一场全球范围内的生成式人工智能竞赛正在上演。紧随美国的 Meta、OpenAI 等科技公司，中国的百度、阿里巴巴、腾讯等互联网巨头也纷纷投入巨大资源角逐 AIGC 的商业化和市场化赛道，一时间，生成式人工智能成为科技领域最受关注的焦点。

本书作者立足于全球化 AIGC 的发展过程，聚焦于 AIGC 在科学研究、工业制造、芯片设计、数字经济及互联网产业中的应用进行案例研究，对 AIGC 背后的技术进行分析，最后展望了 AIGC 对未来社会和经济发展的各种影响。

本书是探讨生成式人工智能的绝对佳作！它不仅是人工智能领域的重要参考书，也是广大读者了解生成式人工智能技术的绝佳读物。我们相信，通过阅读本书，读者将更好地理解生成式人工智能技术的本质和应用，为未来的科技发展贡献自己的力量。

——陈涛

复旦大学信息科学与工程学院博导

国家青年特聘专家

中国计算机学会多媒体专委会执行委员

本书结合大量案例，生动地展示了人工智能在文学、音乐、视觉艺术等创作领域中的应用。你可以通过本书了解人工智能创作的技术原理、典型应用和未来发展趋势。作者还深入分析了人工智能创作面临的机遇和挑战。人工智能是否会威胁人类创作者的地位？创作型人工智能的法律和伦理问题又该如何看待？本书为你详细阐释了各种争议，让你对人工智能创作有更全面的思考。

——金耀辉

上海交通大学人工智能研究院教授、总工程师

生成式人工智能的诞生引发了全球高度关注，半年时间"生成式"产品如雨后春笋，覆盖的领域、功能、种类加速翻新，人工智能的"头雁效应"正在被充分激发，日益成为科技创新、产业升级和生产力跃升的全球引擎。本书包含丰富的理论剖析与案例点评，用开创性、趣味性的语言综合地阐述了生成式人工智能的前世今生和未来之路，同时又富含对科技哲学、社会哲学的思考。

——宋海涛

华为昇腾 MVP 领军科学家

全球高校人工智能学术联盟副秘书长

上海人工智能研究院执行院长

前　言

　　以 ChatGPT 为代表的 AIGC（AI Generated Content，人工智能生成内容）取得的成就已是举世瞩目，几乎征服了所有在半年前还对它一无所知的人类。也正是有了 AIGC 的加持，我才能在月余时间内完成本书。AIGC 对于客观属性的内容生成——事物的解释、定义、答案、统计数据——显然是非常擅长的，也能快速给出议题的纲要或结构。对于描述一件事物，AIGC 那种略显呆板的程序化表达方式与结构，反倒在某种程度上弥补了人类编撰的短板。人类阅读都遵循一定的结构，长年累月就形成了自己的偏好，如果需要遵循特定的结构反复生成不同的内容，对于人类来说是枯燥且痛苦的，因为在固定的结构中并不一定有匹配的内容，AIGC 可在已有相对固定的结构下，对那些短缺内容进行补充，无论内容多么专业，AIGC 似乎总能为你提供一些答案。

　　毋庸置疑，人类与 AIGC 共创已是大势所趋。尽管处于 PGC（Professionally Generated Content，专业生成内容）领域的专业人士提出了很多批评意见，其中最突出的是对知识产权的无视，同时也严重侵蚀了 PGC 的既有利益，但似乎无人可以阻挡这种新范式的蔓延。回想当年手机刚刚被安上摄像头的时候，人类也开始了一项长期的、关于"肆意偷拍"等侵权和伦理问题的争论——手机可随时随地摄制并用于本尊不被告知的任何企图。因此，大有把手机摄像头"挫骨扬灰"的架势。结果显而易见，由于手机摄像头带来了太多便利，以至成为用户最关注的卖点，它不仅无情地结束了卡片相机的时代，而且越做越好，随之一种公德默契形成——不要轻易把摄像头对准别人。回到 AIGC 这个点上，我想无论是 PGC，还是 UGC（User Generated Content，用户生成内容），拥抱 AIGC 都将受益匪浅。而对于人权和知识产权的问题，也将在不断浮出水面的同时获得解决。AIGC 产业意识到，需要在充分发挥好奇有趣、廉价易用的同时，加入合规边界的控制。事实上给 AIGC 戴上"紧箍咒"的措施正同步推进，AIGC 已经对很多敏感指令予以拒绝生成。另外，就像亲妈总是很容易识别自己的孩子一样，AIGC 抄袭等违规的内容也将易于识别，包括典型的论文剽窃。尽管 AIGC 生成过程复杂或者开发者不愿开源，但它是有迹可循、有据可查的，它本质上透明的，它是人类创造的且按人类设定的规则在运行。

强大的 AIGC 并非无所不能，毕竟它只是个工具。从哲学的思维角度来说，有实证主义和建构主义（或称为解释主义）两大阵营。以 AIGC 为代表的生成式 AI 更偏向于实证主义，它将已有海量数据基于设计的脉络（模型与算法）重组生成，因此它不能实现真正意义上的建构主义。人类思辨的复杂性是机器远不可及的，碳基与硅基有着根本的区别，当硅基计算取得突破的时候，碳基的人类一样在持续进化。人类通常不需要，也很难为脑海中形成的畅想提供环环相扣的证据链，机器更无法模拟。例如，一个微笑在机器看来是开心的表现，但并不能识别这个微笑背后代表的到底是认同、喜欢、默许、爱慕还是职业性的欢迎礼仪，这种远离数字而亲近人文的信息，有着个性化的解读且千差万别，它并不遵从机器学得的范式或规律，这种范式和规律甚至超出了人类自己的认知范畴。因此，AIGC 看似代表了人性化的呈现，而实质上还是一个逻辑演化的过程。AIGC 除了强大的基于实证主义的逻辑与内容生成能力之外，长远来看，也必须尝试学习人类思辨的智慧，在此基础上构建全新模型，才能取得根本性突破并迈向智慧的未来。

机器没有人类所谓的"高光"时刻，澎湃算力也并非人类的思如泉涌，更没有开悟、顿悟、证悟、彻悟的境界。当然机器会不断地学习最优秀的人类，试图让自己的水平与他们更为接近，并在不同的生活、工作、娱乐等场景中为人类所用。例如，把这篇前言导入 AIGC 工具，生成总结或是提炼关键内容之间的关联是 AIGC 可以轻易实现的。我们必须承认，AIGC 的本质是对人类的模仿而不是超越，但它真的很有趣、很好用，重要的是，它在每天都不断强大的同时还越来越廉价！

本书配套视频内容，可在 B 站搜索"海俊频道"并访问"洞察 AIGC"专栏查看。

李海俊

AIGC 对上述前言的总结：

这段文字介绍了使用生成式 AI 技术的 ChatGPT 以及 AIGC 在内容生成方面的优势。AIGC 可以快速生成事物的解释、定义、答案和统计数据，以及生成特定结构下短缺的补充内容。作者认为 AIGC 已经成为人类的重要合作伙伴，并在合规边界的控制下不断发展进步。然而，AIGC 仍存在着一些局限性，例如它无法模拟人类思辨的复杂性和独特性，因此长远来看仍需要学习人类思辨的智慧以构建全新模型。最后，作者认为 AIGC 并不能超越人类，它的本质是对人类的模仿，但它很有趣、很好用，越来越受到人们的欢迎。

以下为 AIGC 生成的前言：

随着人工智能技术的不断进步，AIGC 已经成为一个热门话题。这种由机器生成的内容可以包括各种形式的媒体，如文本、音乐、视频甚至是绘画等。

AIGC 的出现引发了许多讨论和争议。一方面，它为我们提供了更加高效、精准的创作方式，使得内容生产变得更加简单和轻松；另一方面，也有人认为 AI 生成的内容缺乏人类情感和智慧，可能会导致信息质量下降，影响到读者的阅读和理解体验。

本书旨在探讨 AIGC 的优势和局限性，以及未来可能带来的影响。本书将介绍 AIGC 的基础知识和技术，深入研究其在不同领域的应用，分析其对行业和社会的影响，并探讨人工智能与人类创造力之间的关系。

本书适合任何对人工智能和内容生产感兴趣的读者，无论您是否拥有计算机科学背景，都可以通过本书了解 AIGC 的相关知识和技术。我们希望本书能够为读者提供一个全面、深入了解 AIGC 的平台，帮助大家更好地评估和应对 AIGC 所带来的挑战和机遇。

目　录

第 1 篇　AIGC 的蜕变

第 2 篇　AIGC 的应用

第 3 篇　AIGC 的机遇与挑战

第 1 篇
AIGC 的蜕变

基于微软 BING 图像创建者和 PowerPoint 生成，2023

第 1 章
开启 AIGC 的魔盒

1.1　AIGC 的来历与预言

AIGC 是三个单词的缩写，即 Artificial Intelligence（人工智能）、Generated（生成的）和 Content（内容）。AI 指的是一种模拟人类智能的技术，可以通过机器学习、自然语言处理和计算机视觉等方法，实现从数据中学习和理解规律、做出决策和完成任务等功能。Generated 是动词 generate 的过去分词形式，表示这些内容是由 AI 程序生成的而非由人类创作。Content 意为"内容"，指文本、图像、音频、视频等各种形式的信息。AIGC 是指借助预训练（超）大规模的模型、生成式对抗网络（GAN）等 AI 技术，对已有数据进行规律性的提取和总结，最终通过释放泛化能力[①]生成多样化内容。2022 年，除了越发流行的 ChatGPT 文本内容生成，在图像生成方面，Disco Diffusion、

---

① 泛化能力（Generalization Ability）是指机器学习算法对新鲜样本的适应能力。学习的目的是学到隐含在数据背后的规律，对具有同一规律的学习集以外的数据，经过训练的网络也能给出合适的输出。

Midjourney、DALL·E[①] 和 Imagen AI 等也是效果惊人，而这只是 AIGC 的一个缩影，还有用 MusicLM 生成音乐、用 GET3D 生成三维物体等。

如图 1-1 所示的两张图都是 AIGC 的杰作，图 1-1（a）是 AIGC 工具 NightCafe 基于 DALL·E 创作的中国长城的美图，你会感觉它似乎有哪里不对，但总体的感觉又十分壮观。实际上，生成它的逻辑是基于人们对长城的各种典型概念和印象而形成的。图 1-1（b）是 2022 年美国一家游戏公司的总裁杰森·艾伦（Jason Allen）基于包括 Midjourney 在内的 AIGC 工具创作的数字化作品"太空剧院"，这幅画在科罗拉多州博览会上获得数字类第一名。这是基于 AIGC 生成的艺术品对传统艺术的第一次重大挑战，关于它是否是真正的艺术创作的争论仍在进行，但丝毫不影响 AIGC 的崛起。

（a）中国长城　　　　　　　　　　　（b）太空剧院

图 1-1　AIGC 生成的"中国长城"与"太空剧院"

资料来源：NightCafe & The New York Times

简单回顾 AIGC 发展的历史，可以追溯到 20 世纪 50 年代，当时人们开始研究计算机语言和自然语言处理技术，这是 AIGC 的雏形。在接下来的几十年里，研究人员不断探索和改进各种机器学习算法，并应用于文本、图像、音频和视频等多个领域，随着计算能力的提高和深度学习算法的发展，AIGC 取得了重大突破。回顾这些里程碑事件，包括：2014 年，谷歌发布了一种基于深度学习的图像

---

① DALL·E 是 OpenAI 开发的一种图像生成模型，它通过 120 亿个参数版本的 GPT3 Transformer 模型来理解自然语言输入并生成相应的图片。它既可以生成现实的对象，也能够生成现实中不存在的对象。

识别系统，大幅提升了计算机对图像的理解能力；同年，微软也发布了一种基于机器学习的自然语言处理系统，成功地生成了与人类写作相似的文章；2016 年，OpenAI 发布了一个名为 GPT 的自然语言处理模型，由 175 亿个参数组成，这是当时最大的模型之一（如今已超千亿参数），该模型可用于生成各种类型的文本内容，包括新闻报道、故事和诗歌等；2018 年，Facebook 的 AI 系统开发了自己的语言并与其他机器人进行了对话，虽然该事件被关闭，但是它激发了对于 AI 意识形态的讨论；2020 年，OpenAI 的 GPT3 模型推出，成为目前最具代表性的自然语言处理模型之一，其性能超越了以往所有的模型；2022 年 11 月，OpenAI 推出轰动世界的 AI 聊天机器人 ChatGPT。现如今，AIGC 已经广泛应用于各个领域，随着技术的不断发展，AIGC 内容的应用前景也越来越广阔。根据国外商业咨询机构 Acumen Research and Consulting 预测，若考虑下一代互联网对内容需求的迅速提升，2030 年 AIGC 市场规模将达到 1100 亿美元。Gartner 则预计：到 2025 年，大型企业 30% 的对外营销信息将是合成的，在 2022 年这一比例还不到 2%；到 2030 年，一部重要的大片上映时，影片中 90% 的文本及视频将由 AI 生成，而 2022 年则没有此类影片。

AIGC 的两个代表性项目是 ChatGPT 和 DALL·E，它们都是 OpenAI 的杰作，前者生成文本，后者生成图片，当然 OpenAI 还有音乐生成器 MuseNet。这两个项目自推出以来得到了业界广泛的关注，并在社交媒体上表现突出，不少人将 ChatGPT3 比喻为推动 AI 走向工业时代的"蒸汽机"。如图 1-2（a）展示了过去一年，ChatGPT 与 DALL·E 在谷歌被搜索的趋势，显然 ChatGPT 受到极大的追捧。如图 1-2（b）则展示了国内在 2023 年 2 月对 ChatGPT 和 AIGC 的搜索热度的暴增，数据显示，ChatGPT 在此期间的整体日均搜索量达到了 20 万，尤其是在 2 月 9 日达到 85 万，整体环比增长 970%。

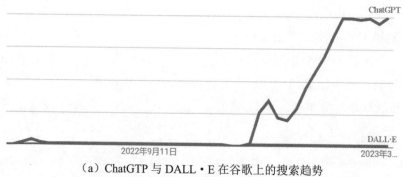

（a）ChatGTP 与 DALL·E 在谷歌上的搜索趋势

图 1-2　ChatGPT、DALL·E 及 AIGC 的热度

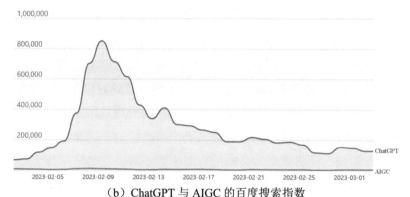

（b）ChatGPT 与 AIGC 的百度搜索指数

图 1-2（续）

资料来源：谷歌与百度搜索引擎生成，2023

　　最新版本的 DALL·E 2 于 2022 年 4 月公布。DALL·E 和 DALL·E 2 是深度学习模型，可以根据用户的自然语言提示生成图像。与 DALL·E 相比，DALL·E 2 可以生成分辨率更高的图像，更加逼真，并能结合各种风格。令人兴奋的是，2023 年 3 月，谷歌宣布会将类 ChatGPT 的 AI 整合到其办公套件 Workspace 中，微软则紧随其后宣布推出 Microsoft 365 Copilot，即在所有的微软办公 套件中（Word、PPT、Excel、Outlook、Teams、Microsoft Viva、Power Platform）内置 GPT4 的功能，通过 Microsoft 365 Copilot 而不是需要安装额外独立的互联网或桌面软件，用户凭借最通用的界面和自然语言，就能轻松玩转 AI 工具，如图 1-3 所示。AI 平民化的时代来临了，其冲击就像个人电脑进入家庭时一样。

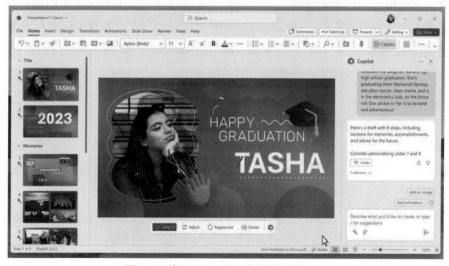

图 1-3　基于 ChatGPT4 智能生成的 PPT

资料来源：微软官网，2023

为了说明内容生成历史的若干阶段，诸多媒体把 AIGC 定义为一种全新的数字内容生成与交互的形态。它是继专业生成内容（Professional Generated Content，PGC）、用户生成内容（User Generated Content，UGC）之后的新范式。所谓范式是指公认的模式，AIGC 来得如此之快，以至于网上已到处可见 AIGC 生成的文本与图像资料。其实对于 AIGC 建立统一的定义还为时尚早，随着 AIGC 的边界不断扩大，通常由它所在领域的领导者提供更为精准的定义。正是由于技术的突破来得着实令人兴奋，业界大多数 AIGC 的描述更多强调它的技术优势，即围绕高效和高质的自动化与个性化来阐述，这与 AIGC 技术作为高科技、高估值的属性是相关的。事实上，所有的 AI 产品并非仅靠技术就能成功，关键还是应用，而应用就需要有庞大的内容与素材基础来训练。即使可以使用混合数据，但也是基于实际数据训练来建模、模拟生成的。

相较于传统的 PGC、UGC，除了了解 AIGC 与它们存在着生成者主体的区别外，更为重要的是了解它们之间的关系。PGC 是最早的内容生成形式，在最初的发展阶段中，学会使用个人电脑完成一系列的注册和内容编辑和发布，并不是常人可以做到的。当 PGC 进入"百家争鸣"时代，这些核心观点或理念需要通过交互来形成热门话题，并形成反馈的热度和流量经济。这种广泛的讨论生成了新的内容，即把一个专业话题作为内容的"树干"，通过众人参与交互形成了一棵完整的"话题树"，从而最终形成一片"话题的树林"，这时关于各领域的内容素材已十分丰富。随着移动互联网的发展，特别是短视频的推出，使全民轻松互动成为现实，由此这个"话题的树林"飞速成长，相互交织，形成了"话题的森林"，甚至达到了信息爆炸的状态。另外，算力提升不仅促成了"话题的森林"，同时也助推了算法的进步。算力由"后摩尔定律"[①]推动前行，即使有所放缓但依然增长迅猛。这时，AIGC 出现了，以基于千亿级参数的模型和算法及神奇的输出效果吸引了全球的眼光，机器以超越人类预期的水平与人类展开了内容的对话。我们看到，AIGC 的神奇实现固然归功于算力和算法的进步，而更为重要的是归功于它的要素来源——超大规模的内容池——"话题的森林"。例如，如今 AIGC 也不能生成任意的内容，在用户需要对特定图像进行再造时，依然需要向机器提供

---

① 摩尔定律是由英特尔创始人之一戈登·摩尔（Gordon Moore）提出来的。目前，业界认为单纯靠提升工艺来提升芯片性能的方法已经无法充分满足时代的需求，半导体行业也逐步进入了后摩尔时代，其技术路线按照两个不同的维度继续演进：① "More Moore"，继续延续摩尔定律的精髓，以缩小数字集成电路的尺寸为目的，同时器件优化重心兼顾性能及功耗；② "More than Moore"，更多依靠电路设计以及系统算法优化，同时，借助先进封装技术，实现异质集成。

素材。可以预见，PGC 和 UGC 并不会消失：一方面 AIGC 借助前两者的内容基础生成新内容；另一方面，PGC 和 UGC 会聪明地根据 AIGC 的模型特征产生新的内容，这些内容又会被 AIGC 捕获或采集，经过再次重组反馈给用户，这样就形成了一个新的循环。那么，为什么 PGC 和 UGC 会向 AIGC 定向生产内容呢？毕竟 AIGC 已是一种新的门户与入口（Portal），从市场营销的角度来看，任何希望提升品牌地位的组织或个人，都希望他们的信息出现在 AIGC 生成内容的首屏，那么新的内容就必须根据 AIGC 生成的规则进行优化，就像今天 AIGC 工具根据 Google 的搜索排名规则，来优化用户生成的营销方案的逻辑。总结一下，PGC、UGCT 和 AIGC 的关系如图 1-4 所示，内容生成的四个阶段并非是相互取代的关系，它是一种升级，后者以前者为基础，前者则更多地融入后者中，而所有阶段综合产生的混合数据又更进一步地推动 AIGC 的发展。

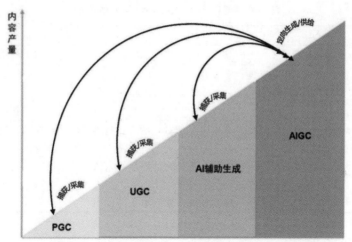

图 1-4　内容生成的四个阶段

资料来源：根据 a16z、ShineINFAITH、Muse Labs，2023 年提供的图片修改

　　如果我们需要区分 AIGC 与人类内容创作的区别，可以用"农夫山泉"的一句广告词来映射 AIGC——"我不是内容的生产者，我是内容的智能搬运工"，只是这种搬运确实越发智能了，不仅知道搬运什么，还知道在搬运的时候如何最优化"进销存"。既然 AIGC 是一种智能的内容搬运工，那么局限性也就容易理解了，混合数据的出现使 AIGC 不再依赖人类产生的数据，但并不意味着 AIGC 会产生人类创意的数据。虽然 AIGC 在某种程度上拟合出了人类未曾思考的领域或维度，但 AIGC 永远不会像人类那样创新。无论是哪种内容创作，其程序都包括生产者对信息的筛选、过滤、加工、整合等步骤。有些观点认为：在 PGC 时代，

这一系列的过程都是建立在创作者长期独立研究的基础上，花费了大量的时间和脑力。当PGC和UGC的生产潜力被耗尽时，AIGC或许可以弥补内容生态的不足。事实上随着科技的发展，专业的内容始终对人类有着极大的依赖，我们可以通过AIGC生成普适的内容，但不能指望它生成新的知识（AIGC生成的随机的创新内容和专业的创新内容是两回事），而且PGC通过使用AIGC工具，会挖潜其巨大的生产力，而不是在AIGC面前瘫软下来而耗尽精力。AIGC就像AI在诸多领域应用的场景，它确实可以突破很多人为的限制，包括不知疲倦地不断尝试，高效地生成与规定运作的反复执行，它也将逐步学习人类的创作方式，从而创造出更丰富、更多样的内容。理论上，AIGC将实现内容生态的无限供给，考虑到生产效率和专业性，其内容质量将基于PGC和UGC，在特定领域和场景下有可能超过PGC的部分内容，PGC、UGC、AIGC之间的关系见表1-1。

表1-1   PGC、UGC、AIGC之间的关系

	PGC	UGC	AIGC
创作主体	专业人士	广大用户	AI和算法
特点区别	专业准确 有限生成 严谨可靠	创意丰富 无序生成 参差不齐	专业可控 批量生成 持续优化
相互关系	● 三者并非完全隔离与竞争，就像家庭厨房、外卖与高档酒店在某种程度上存在着一定的竞争与替代关系，但更准确的说法是一种互相渗透的共存 ● PGC需要UGC形成话题，无数的话题最终为AIGC提供丰富的素材。前二者互补相生，为第三者提供了内容基础 ● 最终三者融为一体，相互参照并互为输入与输出		

资料来源：Renaissance Rachel

基于硅基的二进制机器的智能生成，有可能在基于碳基的优秀人类的训练下，普遍超越基于碳基的一般人类的能力吗？作者认为有一部分是会的，就如通过搜索引擎查询信息，一定比人类在图书馆手动搜索来得强大一样，基于大模型算法在规范性内容的处理上已远超越人类。由2022年苹果公司推出、台积电代工的M1 Ultra芯片含有1140亿个晶体管，而人类大脑中仅有130亿～140亿个细胞，如果将晶体管与细胞都看作一个微观世界的计算单元，那么在数量上，人脑显然已是相形见绌了。即便如此，机器与生命不是一回事，人类的智能的抽象性（这与AIGC基于已有内容生成抽象内容并不一样）和低能耗是机器不可比拟的，AIGC代表的生成式AI会成为卓越的工具，但在各种应用场景中，其背后依然是基于人类智慧，并且为人类所用。因此，在AI走向人类智能的过程中，重要的突

破来自两者交叉科学的探索与发现，其主要趋势为：基于硅基物理架构支撑的系统向碳基生物计算突破。反之，也可以理解为，将更多碳基生物思考与运作的方式更多地应用于硅基系统。如图 1-5 展示了 M1 Ultra 芯片中的计算单元，其晶体管数量已远超人类大脑中的细胞数量，达到了后者的 7 倍之多。在我们欢呼人类在芯片产业创举的同时，另一拨科学家正在不断探索大脑的奥秘，例如美国哥伦比亚大学和西奈山伊坎医学院研究人员正在开展一个项目，该项目将生成整个人类大脑及其所有细胞的综合图集。这些数据可帮助揭示大脑的结构和组织如何在疾病和健康中产生行为、情感和认知，这都将为硅基计算提供新范式的参照。芯片科技与生物科技，必然与必定走到一起，对于 AI 的发展来说更是如此，即 AI 正在更多地学习人类，探索走向人类智能的道路。

 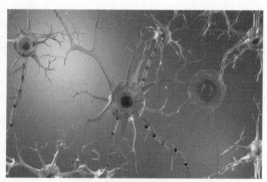

（a）含有 1140 亿个晶体管的 M1 Ultra 芯片　　　　（b）人脑神经元联系示意图

图 1-5　芯片的晶体管数量已远超人脑细胞的数量

资料来源：苹果官网 & Tamas 实验室

由于 AI 技术的进步和更复杂算法的出现，同时随着质量的上升和成本的下降，AIGC 正在不断普及。公司正越来越多地转向 AI 生成的内容，以减少人工创建内容的负担并节省成本。具体应用包括 AI 写作、AI 配乐、AI 视频生成、AI 语音合成以及近段时间火遍全网的 AI 绘画——只要简单输入几个关键词，几秒钟时间一幅画作就能诞生，这可以更有效地节省时间和资源，并提高内容的质量。除了图片的生成，更常见的是输入一篇文章的描述，或者只是故事的开头，让 AI 为你完成文章。凡是需要写作或内容创作的地方，它都有广泛的应用，如撰写财务报告、开发代码、创建销售 / 营销材料。AIGC 可以帮助人们更快地理解和分析复杂的信息，从而帮助他们做出更好的决定并产生重大价值。AIGC 还可以用于创建可量化的内容，并使用数据驱动的方法来给出建议，以提高内容的质量。此外，AIGC 可以更有效地分析和汇总数据，以便更好地理解客户的行为和需求，为客户提供更个性化的内容。AIGC 可以用于创建丰富的多媒体内容，如图像、视频和音频。它可以用于创建自动化的新闻报道或分析，以及动态的广告内容。此外，AIGC 还可以用于创建和管理大量的内容，包括社交媒体内容，以满足客户对个性化与时效性等方面更高的需求。

如表 1-2 所示，展示了 AIGC 与人类角色的特点，AIGC 首先是人类的智能助理，而人类承担了真正的知识管理工作，AIGC 是人类知识管理工作的一部分，需要人类的训练、监督和优化。AIGC 体现在上述内容的诸多专业的领域，而人类代表了通用智能，AIGC 正在更多地学习人类，向人工通用智能进化；AIGC 是完成了知识编纂，而更复杂、非常规以及在互动过程中的隐性知识的传递是人类完成的。最后，AIGC 是拿来即可，它试图回答知识"是什么（what）"及"如何（how）"的问题，"如何（how）"是指人类在处理（大）数据时容易忽略的维度，总有一些影响的过程与环节容易被疏漏，但人类善于想象、比喻、解释、推论、预测，培养下一代专家并承担人类特有的职责。

表 1-2　AIGC 和人类在管理知识方面的共生关系

	AIGC		人 类 角 色
个人智能助理	● 帮助解决信息过载问题 ● 增加认知"带宽" ● 对信息资源进行过滤	知识管理工作人员	● 培训和个性化智能助理 ● 监控和严格评估智能助理的绩效
专业智能	● 在约定边界的环境中提供专业智能 ● 以任务为中心的智能（不易在不同任务环境中转移） ● 管理知识内容	通用智能	● 运用知识进行战略层面的思考 ● 跨语境翻译知识 ● 通过自我反思辨别知识背景（悟）
知识编纂	● 使低层次、高容量知识流程更为顺畅 ● 促进人与人之间的联系并产生专业知识	知识协作	● 处理复杂的、非常规的知识流程 ● 通过社会互动传递隐性知识
关于知识"如何"和"是什么"	● 在（大）数据中发现被忽视的范式 ● 通过制定自己的规则来扩展现有知识资源之外的专用技术	知道为什么	● 想象、比喻 ● 解释、推论并证明建议的合理性 ● 培养潜力人才或专家并获得组织支持 ● 承担责任

资料来源：根据人工智能和知识管理，Mohammad Hossein Jarrahi 等，2023 改编

随着与用户的交互越来越多，每个用户都在所使用的 AIGC 中形成了用户画

像，这使 AIGC 的个性化成为可能，AIGC 得以从用户的问题中判断其性别、性格、年龄、职业、兴趣爱好，甚至目前的工作重点和职业发展需求，这都使 AIGC 提供充分满足个人需求的自动化服务流程，提供更为精准的深度定制。定制又使 AIGC 生成的内容更有吸引力，如互动故事、互动视频和互动游戏。当然，AIGC 可以使用深度学习算法来创建更加自然的内容，更好地模仿人类语言表达，这样就可以改善和完善客户对产品的体验，并在更多渠道上推广产品与服务，吸引更多的用户。

AIGC 能够实现如此强大的功能，主要是因为它由以下三大前沿技术支撑：

- **数字内容孪生能力**：构建现实世界到虚拟世界的映射，孪生能力包括智能增强与转译技术，其中增强技术弥补内容数字化过程中的信息损失，转译技术在理解基础上对内容进行多种形式呈现。

- **数字编辑能力**：打通现实世界到虚拟世界的交互通道。编辑能力包括智能语义理解与属性控制，语义理解帮助实现数字内容各属性的分离解耦，属性控制则在理解基础上对属性进行精确修改、编辑与二次生成，最终反馈于现实世界，形成孪生—反馈闭环。

- **数字创作能力**。从数据理解向数据创作转变，创作能力可分为基于模仿的创作与基于概念的创作，前者基于对某一类作品数据分布进行创作，后者从海量数据中学习抽象概念，并基于概念创作出现实世界不存在的内容。

AI 内容生成器的工作方式是通过自然语言处理[①] 和自然语言生成[②] 方法生成文本。这种形式的内容生成有利于为企业提供数据，根据用户行为定制内容并提供个性化的产品描述。文本生成模型一般通过无监督的预训练，语言转换模型从大量的数据集中学习和捕捉无数有价值的信息。在这样的海量数据上进行训练，可以使语言模型动态地生成更准确的矢量表示和带有上下文信息的单词、短语、句子和段落的概率。由于梯度消失问题[③]，传统的递归神经网络（RNN）深度学习模型在长期建模的背景下步履蹒跚。转换器（Transformers）则不同，它克服了梯度

---

① 自然语言处理（Natural Language Processing，NLP）是计算机科学领域与 AI 领域中的一个重要方向，一门融语言学、计算机科学、数学为一体的科学。它的研究方向是实现人与计算机之间用自然语言进行有效沟通。

② 自然语言生成（Natural Language Generation，NLG）是研究使计算机具有人一样的表达和写作的功能，即能够根据一些关键信息及其在机器内部的表达形式，经过一个规划过程，来自动生成一段高质量的自然语言文本。

③ 梯度消失问题是指在深度多层前馈网络或递归神经网络，无法将信息从模型的输出端传播回模型输入端的附近层，导致具有多层的模型普遍不能在给定的数据集上进行训练，或者过早地满足于一个次优的解决方案。

消失问题，因为语言模型随着数据和架构规模的扩大而扩大，转换器实现了并行训练并能够捕获更长的序列特征，使更全面有效的语言模型的突破成为可能，因此转换器正在迅速成为 NLG 的主导架构。今天，像 GPT3/4 这样的 AI 系统被设计为生成类似人类创造力和写作风格的文本，而大多数人类一般难以分辨。这样的 AI 模型也被称为生成式 AI，即可以为广泛地使用案例创建新颖的数字媒体内容和合成数据的算法。生成式 AI 的工作原理是生成一个物体的许多变体，并对结果进行筛选，以选择那些具有有用的目标特征的变体。AIGC 基于算法生成内容，而算法是在大量的数据上训练出来的。然后根据这些数据和一点点用户的输入返回输出结果，关键是，内容是新的，而且是自动生成的。生成式 AI 算法最常见的例子是 ChatGPT。GPT3/4 在互联网中的大量人类文本上进行训练，并"教导"语言模型在与用户互动时如何回应。其他生成式 AI 程序的工作方式与此类似，它们被训练来发展一套知识体系，并使用这些知识来创造新的输出。目前许多商业生成式 AI 产品都是基于 OpenAI 的生成式 AI 工具，如 ChatGPT 和 Codex，下面我们大致了解一下不同内容的生成形式和目前所处的阶段。

- **文本与代码**：文本是最先进的领域。自然语言曾经是一项巨大的挑战，它对质量要求很高。今天，这些模型在通用的短篇 / 中篇写作方面还算不错（但即便如此，它们通常也是用于迭代或写出一个初稿）。随着时间的推移，模型越发健壮，高质量的成果正在输出——质量更高、内容更长以及更好地面向用户特定市场或需求的调整。如 GitHub CoPilot 所示，代码生成在短期内可能会对开发者的生产力产生很大影响。它也将使非开发人员更容易获得对代码的创造性使用。

- **图形图像**：相对于文本来说是一个较新的应用，但它的娱乐性显然好过文本，因此像病毒一样传播开来，这些应用和 ChatGPT 一样易于使用，创意力非常惊人。在 Twitter 上分享生成的图像比文字要有趣得多，可以看到具有不同审美风格的图像模型，以及编辑和修改生成图像的不同技术。例如，设计一个 logo，未来的大部分人，包括设计师第一时间都会通过 AIGC 辅导设计，这并不是说机器真的具备智慧，但算力的构建能力可以在人脑出现疲惫的时候持续给出质量稳定的呈现。

- **语音合成**：它的出现已有近十年时间了（还记得"你好，Siri！"吗？），但消费者和企业应用才刚刚开始。对于像电影和播客这样的高端应用来说，要想获得听起来非机械化的、具备一次性完整表达能力的、类似人类质量标准的语音是非常困难的。但未来是令人期待的，就像图像生成，今天的语音合成模型将为持续完善以达到高质量输出的商业性应用提供一个快速发展的起点。

● **视频和 3D 建模**：这个更为复杂的领域正在迅速崛起。人们为这些模型通过大量生成创意内容所能创造出的新型市场的潜力感到兴奋。例如，电影、游戏、VR、建筑和物理产品设计。研究性组织正在发布基础的视频和 3D 模型，以便于形成新的产业链以衍生出不同应用，未来的大部分视频作品均可能借助 AIGC 生成。

如图 1-6 所示，我们通过 AI 图片自动生成引擎 Midjourney 在十几秒的时间内分别生成了上海春天的冬天的鲜花，图片清晰地呈现了城市和季节的特征，其美感和质量已超过了很多美工 PS 出来的效果。我们可以看到，当我们给出不同的指令（极其简单的英文关键词命令，通常以 /imagine 呈现）之后，类似的图片会持续生成出来，新的图片视角不同，但美感依然。对于那些十分模糊的指令，通常图片的生成是虚幻的，但并不是没有内容，一个模糊的指令会对应一个模糊的图片渐变地产出，图片呈现的内容可能什么都不像，却有一种神秘感。其实面对这种模糊，可以不断增加清晰的关键词，直到做出自己满意的图片，比如不再用关键字，而是用一段文字，比如"朝阳冉冉升起，一条弯弯的河流穿过一条中国特色的古镇，河流上飞过几只欢快的鸟儿"。

（a）AI 生成图片：上海春天的鲜花　　　（b）AI 生成图片：上海冬天的鲜花

图 1-6　AI 生成图片：上海的鲜花

资料来源：Midjourney

除如上几个经典的应用场景，许多领域都在进行基础模型的研发，从音频和音乐到生物和化学。这些应用五花八门，不胜枚举。

- **文案写作**：市场对个性化网络和电邮内容的需求日益增长，它可以用来促进销售和营销策略以及客户支持，这些都是语言模型的完美应用。公司在市场竞争中面临时间和成本的压力，更为快速、简明扼要且具有个性风格的言语表达，在应用中已出现。

- **细分市场的写作助手**：今天的大多数写作助手都是横向的，或称大众化的，AIGC 正在为特定的专业领域建立更好的生成性应用，从法律合同写作到编剧，这里的产品差异化在于对特定工作流程的模型和用户体验模式进行微调。

- **代码生成**：目前的应用为开发者提供"涡轮增压"的助力引擎，使他们的工作效率大大提升。GitHub Copilot 现在在安装它的项目中生成了近 40% 的代码。但更大的机会可能是为消费者打开了编码的通道。

- **艺术的产生**：整个艺术史和流行文化被编码在大型模型中，允许任何人随意探索以前需要用一生才能掌握的主题和风格。

- **媒体 / 广告**：想象一下将代理工作自动化的潜力，并为消费者优化广告文案和创意。这里有多模式生成的巨大机会，将销售信息与互补的视觉效果配对。

- **设计**：数字和实体产品的原型设计是一个劳动密集型和反复的过程。粗略的草图和提示的高保真渲染已经成为现实。随着 3D 模型的出现，下一代的 iPhone 到新款的高尔夫球鞋都可能是由机器设计的。

- **游戏**。梦想是使用自然语言来创建复杂的场景或可操纵的模型。最终状态可能还很遥远，但有一些更直接的选择在短期内可操作，如生成纹理和天空盒艺术。

为了发挥一下 ChatGPT 的功能，我们总结了在过去一年多的时间中，诸多知名研究院发布的 AIGC 报告，根据发布的时间顺序让 ChatGTP 来对这些资料做一下介绍，见表 1-3。与 ChatGPT 的问答形式很简单，通常通过以下列出的几种方式让 ChatGPT 做出回答（这些报告中比较重要的图表由笔者整理）。

（1）输入资料名称；

（2）介绍一下 ×××；

（3）××× 的主要内容是什么？

（4）再试一下；

（5）请补充更多内容。

当 ChatGPT 找不到内容而回答"抱歉"时，可以重复同样的问题。

表 1-3 关于各大媒体或研究院发表 AIGC 报告的总结

资 料 来 源	ChatGPT 回答 + 人工校对
中国信通院联合京东探索研究院《人工智能生成内容（AIGC）白皮书》2022 年 9 月	该白皮书介绍了人工智能生成内容技术的现状、发展趋势和应用场景，并对该技术的道德、法律和安全等方面进行了讨论。白皮书还提出了相关技术的规范和标准，以促进该领域的健康发展 主要内容包括： ● 人工智能生成内容技术的现状和发展趋势，以及其对社会和经济的影响 ● AIGC 技术的应用场景和商业模式，包括广告、媒体、教育、医疗等行业 ● AIGC 技术所面临的道德、法律和安全等方面的挑战，以及如何规范和监管该技术的应用 ● 推动 AIGC 技术健康发展的建议和措施，包括相关技术的规范和标准，促进产学研合作等 该白皮书旨在为人工智能生成内容技术的发展提供指导和规范，同时也强调了该技术的重要性和潜力 AIGC 的发展历程与概念演化
浙商证券《AIGC 之 AI 绘画：技术与应用双突破，生产力变革在即》2022 年 11 月	该报告主要探讨了基于 AIGC 技术的 AI 绘画在艺术领域的应用和前景，并重点介绍了该技术的核心原理、发展历程和应用场景。此外，报告还分析了 AI 绘画在推动数字文化创意产业升级和提高生产力方面的潜力，并探讨了相关的商业模式和投资机会。该报告旨在为读者提供有关 AIGC 技术在艺术创作领域的最新进展和未来趋势的信息，以及如何参与相关领域的投资活动等方面的建议 AI 绘画是 AIGC 重要的应用分支。近两年包含扩散模型在内的关键技术取得突破，技术可用性显著提高，图像生成效果效率均显著提升，技术转化为生产力的契机产生。AI 绘画应用推动技术进入民用领域，几月内产出效果便有直观改善，被设计师、游戏工作室等广泛用于辅助生产，生产力变革来临。随着 Stable Diffusion 等应用破圈，用户接受度和参与度持续提高，适用行业不断拓展。AI 绘画是基于深度学习技术的。生成式对抗网络 GAN 配合可对比语言—图像预训练算法 CLIP，解决了跨模态问题，支持文本生成

续表

资料来源	ChatGPT 回答 + 人工校对
浙商证券《AIGC 之 AI 绘画：技术与应用双突破，生产力变革在即》2022 年 11 月	图像。AI 绘画的实操可分为四个环节：加噪点、去噪点、复原图片和作画。随着图像掩码建模（MIM）、特征处理器（Transformer）、扩散模型（Diffusion Model）和神经辐射场（NeRF），在上述四个环节中发挥作用，AI"画技"显著提升。未来，我们预计深度学习领域将有两大主要前进趋势：大模型和人工通用智能 *AI 绘画应用行业示例表格* **AI 绘画应用行业示例**
招商证券《AIGC：打开元宇宙大门的新魔法棒》2022 年 11 月	主要介绍了人工智能、区块链、物联网等技术在元宇宙领域的应用，探讨了元宇宙的概念、发展历程、产业布局和价值体系，并对元宇宙相关领域的投资机会进行了分析。报告认为，AIGC（AI+ 区块链 + 物联网 + 图形计算）是打开元宇宙大门的新魔法棒，具有重要的战略意义和巨大的市场潜力，值得关注和投资 报告认为，元宇宙是一个集虚拟现实、人工智能、物联网、区块链等多种技术于一体的综合型虚拟世界，将成为未来数字经济和数字社会的核心场景。在元宇宙中，人们可以通过虚拟身份、虚拟资产、虚拟社交等方式参与其中，实现虚拟现实和现实世界间的无缝衔接。报告指出，在 AIGC 技术的支持下，元宇宙将具备高度智能化、高度安全性、高度互联性等特点，为数字经济、文化产业、社交娱乐、教育培训等领域带来广阔的发展空间。报告还列举了一些元宇宙应用场景，如虚拟商城、虚拟竞技、虚拟旅游等，并提出了相应的投资机会，包括虚拟资产、元宇宙平台、虚拟内容等相关产业 总的来说，该报告对于当前的科技热点——元宇宙的发展趋势、技术特征和投资机会进行了详尽的分析和研究，对于关注这一领域的人士具有一定的参考价值 *AIGC 代表性应用图* **AIGC 的代表性应用**

AI 绘画应用行业示例表格内容：

行业	应用方式	实例
广告行业	借助 AI 制作宣传素材	《时尚芭莎》36 周年纪念 AI 海报
设计行业	AI 辅助包装设计、服装设计出图	阿里助力犀牛智造推出 AI 设计平台
营销定制行业	借助 AI 生成营销素材	百家号自动生成视频功能
漫画/动漫行业	配文自动生成漫画、插画、视频	AI 绘制《汉河舞厅》MV
游戏行业	AI 辅助角色、道具、场景设计	日本游戏开发者使用 Midjourney 生成素材开发横版射击游戏

AIGC 的代表性应用：

文字生成：国内：新华社的快笔小新、彩云小梦、小冰、九歌、中文在线、腾讯的梦幻写手及新兴的写作猫、Gilso 写作机器人等；国外：Jasper.ai、Automated Insights、Narrative Science、textengine.io、Anyword、Phrasee 等

图像生成：国内：ZMO.ai、图宇宙、百度的文心一格、视觉中国、蓝色光标的创意画廊等；国外：Disco Diffusion、DALL·E 2、Make-A-Scene、Midjourney、Stable Diffusion 等

音频生成：国内：昆仑万维的 StarX MusicX Lab、网易的网易天音、灵动音科技的 DeepMusic 等；国外：Mubert API 等

视频生成：国内：字节跳动的剪映、快手的云剪、影谱科技、蓝色光标的蓝标分身等；国外：Meta 的 Make-A-Video、谷歌的 Imagen Video 和 Phenaki 等

虚拟人生成：国内：倒映有声等；国外：Stable Diffusion、英伟达的 Stylegan 等

续表

资 料 来 源	ChatGPT 回答 + 人工校对
国盛证券《区块链行业深度AIGC，Web 3.0时代的生产力工具》2022年11月	这是一份关于区块链技术在 Web 3.0 时代应用和发展趋势的研究报告。该报告主要从行业背景、技术特点、应用前景等方面对区块链技术进行了分析，重点讨论了其在身份认证、数字资产交易、供应链管理等领域的应用前景，并介绍了各类区块链应用案例。同时，该报告还提到了人工智能、物联网等技术与区块链的融合趋势，以及可能出现的挑战和风险。这份报告旨在为投资者和从业者提供有价值的市场分析和决策参考 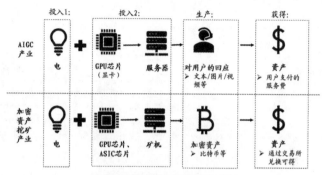 AIGC 与加密资产挖矿产业链
国海证券《AIGC：内容生产力的革命》2022年12月	该报告主要探讨了人工智能与内容产业的结合，认为 AIGC 技术将对内容生产力产生深远影响。报告指出，在 AIGC 技术的支持下，内容生产过程中的多项环节将实现自动化和智能化，从而提高制作效率、降低成本、优化用户体验，并大幅度提升内容价值和品质。此外，报告还介绍了 AIGC 技术在文学、电影、游戏、音乐等领域应用的具体案例，并分析了 AIGC 技术对相关行业的投资机会和前景。该报告旨在为读者提供更全面的 AIGC 技术与内容产业的融合分析，以促进双方的深入合作和发展 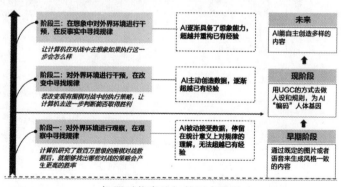 机器对信息认知的三个阶段
中信证券《从 ChatGPT 看生成式 AI 产业机遇与落地场景》2023年1月	该报告主要探讨了生成式 AI 技术在各个领域的应用前景，并且结合 ChatGPT 等相关技术分析了 AIGC 的发展趋势和市场机遇。此外，报告还详细介绍了 AIGC 在不同行业的应用场景及其商业模式，并提出了一些投资建议。该报告旨在为读者提供有价值的信息，帮助他们更好地了解 AIGC 技术的应用前景和商业机会，以及如何参与相关领域的投资活动

续表

资料来源	ChatGPT 回答 + 人工校对
中信建投证券《从 ChatGPT 到生成式 AI（Generative AI）：人工智能新范式，重新定义生产力》2023 年 1 月	主要探讨了 ChatGPT 和生成式 AI 的概念、应用以及对生产力的影响。文章介绍了 ChatGPT 技术的基本原理和功能，并强调了它在自然语言处理领域的广泛应用。此外，文章还介绍了生成式 AI 的特点和应用场景，如文本生成、图像生成、视频生成等。同时，文章也探讨了这些新技术对生产方式的影响，并提出了人工智能将如何改变生产方式的讨论。最后，文章呼吁政府、企业和社会各方共同努力，推动人工智能技术的健康发展，并充分利用这些新技术的潜力，为人类创造更美好的未来 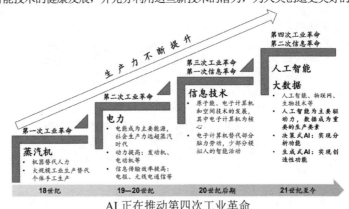 AI 正在推动第四次工业革命
西部证券《AIGC 行业专题报告：2023 年有望成为 AIGC 的拐点》2023 年 1 月	该报告主要分析了当前 AIGC 技术的发展现状和未来趋势，并指出 2023 年将是 AIGC 技术应用的一个转折点，预计在智能制造、智慧城市、医疗保健、金融科技等领域有着广阔的应用前景。此外，报告还介绍了 AIGC 技术相关产业链和价值链的构成以及重点企业的布局和投资机会。该报告旨在为读者提供更深入的 AIGC 技术研究和产业投资参考，以促进 AIGC 技术在各行各业的推广和应用 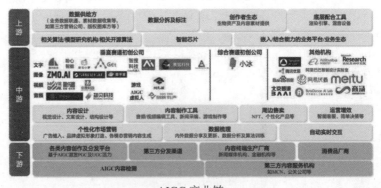 AIGC 产业链
腾讯研究院《AIGC 发展趋势报告 2023》2023 年 1 月	ChatGPT 直接反馈：经过检索，没有找到腾讯研究院发布的《AIGC 发展趋势报告 2023》。但是腾讯研究院曾发布过类似主题的报告，例如《2020 人工智能白皮书》等，这些报告主要分析了人工智能技术的发展现状和未来趋势，并探讨了人工智能在商业、医疗、教育等领域的应用和前景。这些报告旨在为政府、企业和公众提供更详尽的人工智能发展情况和应用建议，以推动人工智能在各个领域的创新和发展

资 料 来 源	ChatGPT 回答 + 人工校对
腾讯研究院《AIGC发展趋势报告2023》2023年1月	由于 ChatGPT 反馈其知识库中尚不包括这篇内容，因此笔者分段输入了报告的文本，得到了以下的总结内容： AIGC 技术通过生成算法模型、预训练模型和多模态技术的突破创新，实现了文字、代码、图像、语音、视频、3D 物体等类型的内容和数据生成。其中，预训练模型技术极大地提升了 AIGC 模型的通用化能力和工业化水平。同时，AIGC 领域正在加速形成三层产业生态并持续创新发展，正走向模型即服务（MaaS）的未来。未来，随着算法的不断进步，AIGC 领域将迎来更多激动人心的应用，多模态 AI 将日益成为主流，推动 AIGC 领域的蓬勃发展 AIGC 产业生态体系呈现上中下三层架构，分别为基础层、中间层和应用层。基础层以预训练模型为基础搭建 AIGC 技术基础设施层，在国外以 OpenAI、Stability.ai 为代表，通过受控 API、开源等方式输出模型能力。中间层是在预训练模型基础上，通过专门的调试和训练，快速抽取形成垂直化、场景化、定制化的小模型和应用工具层，例如 Novel-AI 等二次元画风生成模型。应用层依托底层模型和中间层的垂直模型，各厂商进一步开放面向 C 端和 B 端用户的各种各样的 AIGC 产品和服务，例如群聊机器人、文本生成软件、头像生成软件等。目前，美国围绕 AIGC 生成繁荣的生态，中国也有望凭借领先的 AIGC 技术赋能千行百业。未来，预计模型即服务（MaaS）将对商业领域产生巨大影响 首先，AIGC 有望成为新型的内容生产基础设施，塑造数字内容生产与交互新范式，持续推进数字文化产业创新。其次，AIGC 的商业化应用将快速成熟，市场规模会迅速壮大。最后，AIGC 还将作为生产力工具，不断推动聊天机器人、数字人、元宇宙等领域发展。这些发展趋势都预示着 AIGC 在未来将会有广泛的应用和重要的作用 基于 AIGC 技术的合成数据在产业互联网领域有重大发展。合成数据作为真实世界数据的廉价替代品，为 AI 模型训练开发提供强大助推器，推动实现 AI 2.0，并助力破解 AI "深水区"的数据难题，持续拓展产业互联网应用空间。此外，合成数据加速构建 AI 赋能、数实融合的大型虚拟世界，将成为 AI 数实融合的关键载体。由于合成数据对人工智能未来发展的巨大价值，合成数据正加速成为一个新产业赛道，涌现了合成数据即服务（SDaaS）这一全新商业模式  基于 AIGC 产业生态体系三层架构改编

续表

资料来源	ChatGPT 回答 + 人工校对
招商证券《ChatGPT 快速流行，重构AI商业模式》2023 年 2 月	具备生成创造能力的 AIGC 技术已经成为 AI 技术发展的新趋势。ChatGPT 不仅代表人 AI 交互类的聊天工具，通过其底层逻辑，我们判断 ChatGPT 技术可以应用于多个领域。微软在官方博客宣布持续加大对 ChatGPT 母公司 Open AI 投入，后续投资金额将高达数十亿美元，预计未来公司旗下所有产品有望全线整合 ChatGPT。此外，亚马逊、BuzzFeed 等互联网大厂同样宣布与 ChatGPT 展开合作。AIGC 模型有大量参数及数据参与训练，因此对算力基础设施有较高要求，云计算服务商基于此逻辑布局 AIGC 产业链。模型必须具备大量语料素材、强大的 AI 团队以及充足资金支持，因此具备 AIGC 大模型构建能力的企业通常为海内外科技巨头 AIGC 领域头部企业将逐渐构建自身壁垒，剩余的初创公司将依附头部企业去做应用，产业链未来将会分为技术提供方和应用开发者两种

AIGC 变现模式	案例/收费方式
作为底层平台接入其他产品对外开放，按照数据请求量和实际计算量计算	例如，GPT3 对外提供 API 接口，采用的四种模型分别采用不同的按量收费方式
按产出内容收费	例如，包括 DALL·E、Deep Dream Generator 等 AI 图像生成平台大多按照图像张数收费
模型训练费用，适用于 NPC 训练等个性化定制需求较强领域	根据具体训练量收费
根据具体属性收费	例如，版权授予（支持短期使用权、长期使用权、排他性使用权和所有权多种合作模式，用友设计图案的版权），是否支持商业用途（个人用途、企业使用、品牌使用等）、透明框架和分辨率等
直接对外提供软件（SaaS）	例如，个性化营销文本写作工具 AX Semantics 以约 1900 元/月的价格对外出售，并以约 4800 欧元/月的价格提供支持定制的电子商务版本。大部分C端AIGC工具以约80元/月的价格对外出售，最新ChatGPT订阅计划售价为 20 美元/月

资料来源	ChatGPT 回答 + 人工校对
	AIGC 商业模式梳理
财通证券《技术奇点已至，多模态时代开启》2023 年 3 月	全面多模将实现文本、音频、图像、视频等全方位信息源的输入/输出，实现在政务、金融、教育、医疗、传媒等垂直行业的商业化落地，AIGC 在各个垂直应用领域应用的时代已然开启。未来已至，人工智能将进入奇点时刻： ● 算力是 AI 模型的能源，将最直接受益于 AI 的普及 ● 开发海外应用和国内基础层的公司将在中短期受益于行业"从 1 到 10"的快速拓荒阶段 ● 拥有底层语言模型及机器学习算法框架开发能力的公司有望作为行业边界的开拓者长期受益于产业趋势的浪潮

资料来源：ChatGPT 及各大机构的报告

在过去的几年里，对 AIGC 的投资大幅增长。根据 CB Insights 的一份报告，自 2015 年以来，全球 AIGC 领域的投资规模一直呈增长趋势。AIGC 初创公司的总投资资本从 2018 年的 73 亿美元增加到 2020 年的 199 亿美元，增长了近两倍。2019 年全球 AIGC 领域的投资金额达到了近 440 亿美元，2020 年受新冠疫情影响有所下降，但仍然接近 350 亿美元。这种增长主要是由于对 AI 和自动化产生的内容的需求增加，以及自然语言处理（NLP）和自然语言生成（NLG）技术的进步。AIGC 领域的主要参与者，如 Persado、Automated Insights 和 Narrative Science，在过去几年都有大量投资。从投资类型来看，种子轮和天使轮投资仍占据着较大的比重，但随着行业的发展，中后期和上市融资的投资也在逐步增加。从投资领域来看，图像识别、语音识别、自然语言处理等技术是最受关注和投资的领域。此外，医疗健康、金融、教育等行业的应用也成为投资的热点。亚洲地区在全球AIGC领域的投资中日益发挥着重要的作用。中国、印度等亚洲国家的AIGC企业和初创公司正在吸引越来越多的国内外投资者，其中，中国是全球最大的AIGC投资市场之一，2019年中国AIGC领域的投资规模约为150亿美元。

除了AIGC领域的专业投资机构之外，越来越多的传统行业企业也开始涉足AIGC领域的投资。这些企业希望通过投资AIGC技术和企业，加速自身数字化转型的进程，提升自身的竞争力。另外，政府在推进数字经济发展的过程中，也将AIGC技术视为重要支撑。因此，在一些国家和地区，政府会设立专项资金用于支持AIGC领域的研究和应用，并鼓励民间投资。需要注意的是，尽管AIGC领域的投资呈现出较快的增长态势，但由于该领域的技术和商业模式还比较复杂，投资具有一定的风险性。因此，投资者需要通过深入的调研和分析，选择具备实力和潜力的AIGC企业进行投资。同时，监管部门也需要制定相应的政策和标准，规范AIGC领域的投融资活动，维护市场的稳健运行。

如图1-7所示，2023年1月23日，微软宣布与OpenAI展开全新合作，未来将追加投资数十亿美元，2月2日，微软宣布旗下产品将全线整合ChatGPT，对于微软而言，ChatGPT在拟人化交流、即时生成内容等方面对必应（Bing）的赋能有望助其突破谷歌的桎梏，作为回应，谷歌即刻投资Anthropic并计划推出类似ChatGPT的大型语言模型。除了加码AI文本、代码生成以外，海外巨头如Meta、Netflix亦着力布局音频、视频等内容生成，未来人机协同或是大势所趋。

图1-7　AI海外巨头争相加码AIGC

资料来源：慧博智能投研

麦肯锡的报告显示，全球数字化劳动力市场规模将迅速扩大，2030 年有望达到 1.7 万亿元，其中交互应用、企业流程优化、工业应用、特殊应用规模分别达 6247 亿元、5213 亿元、3215 亿元、2583 亿元。AIGC 是数字化劳动力的又一次爆发和最主要的组成部分，其领域的投资规模也在不断扩大。未来，随着技术的进一步成熟和应用场景的拓展，AIGC 领域的投资规模还将继续增长。

最后，我们利用 ChatGPT 来挖掘一下目前关于 AIGC 报告内容的共性。

（1）技术原理：介绍 AIGC 的技术原理，包括机器学习、深度学习、自然语言处理等相关技术。

（2）应用领域：探讨 AIGC 在不同领域的应用情况，如广告、新闻、文学创作、音乐、视频等。

（3）优缺点分析：对于 AIGC 的优势和局限性进行分析，包括生成效率、内容质量、版权问题、道德风险等方面。

（4）行业趋势：展望 AIGC 未来的发展趋势，探讨其可能带来的变革和影响，包括人类创作角色、版权保护、产业链变革等方面。

（5）投资价值：评估 AIGC 的商业化前景和投资价值，对相关公司及市场进行分析和预测。

总之，现在关于 AIGC 的报告内容主要围绕着技术原理、应用领域、优缺点分析、行业趋势和投资价值这几个方面展开，旨在为读者提供全面的了解和参考。

1.2 AIGC 与 Web 3.0 及数字孪生

Web 3.0 是下一代互联网的体系架构，数字孪生是 Web 3.0 中一种重要表现形式——即在虚拟世界中可以映射现实世界中的对象，这些虚拟的对象能够像现实世界中的对象一样产生交互。AIGC 是 Web 3.0 与数字孪生的内容生产基础设施，是数字孪生世界中虚拟对象的"生成器"和"活化剂"。我们无法想象没有 AIGC 赋能的数字孪生，因为内容生成的工作量实在庞大，这些内容不仅是文字、图片、音频、视频，还包括太多个性化的内容，例如面容表情甚至表达的手势与语气。在工业元宙（工业界更愿意用元宙一词，而不是元宇宙）中，情境则更为复杂，需要呈现的精度与准确度可能是平常要求的几十倍之上。所以也有人说，AIGC 按下了元宇宙和数字孪生实操落地的快进键！

Web 2.0 在过去 20 年里为我们提供了很好的服务，但由于其广泛的隐私和安全问题，我们已步入一个被称为 Web 3.0 的新数字时代的初级阶段。Web 3.0 也被称为语义网，是互联网发展的新阶段，有望带来更多的用户授权、开放和隐私保护。Web 3.0 应用程序旨在通过建立去中心化的基础设施来实现更高的安全性和互操作性，从而消除了对中央服务器的需求。以下列出了构成 Web 3.0 的五个关键构成要素：

（1）语义网。语义网使用 AI 来理解用户或客户可能的意思或意图。它旨在根据搜索词的实际含义而不是关键词或数字，给搜索提供更准确的理解。

（2）AI。Web 3.0 的 AI 旨在更好地理解某人正在搜索的内容，以提供相关性更强的结果。

（3）3D 图形和空间网络。 虚拟现实（VR）头盔和现实图形的使用使网站在本质上变得更加逼真，为元宇宙建立一个 3D 渲染的、无边无际的虚拟世界。

（4）区块链和加密货币。Web 3.0 的去中心化的关键是使用区块链和加密货币，这消除了中间商，使各方之间能够直接交易。

（5）无处不在的连接。由于宽带、5G、Wi-Fi 和物联网，Web 3.0 应用的特点是不断连接。

在完全实现的 Web 3.0 空间网络中，物理世界中每个建筑的每个元素都将完全数字化。每个人都会有虚拟的化身，人们将能够在虚拟的工作或会议场所漫游。表 1-4 呈现了 Web 1.0、Web 2.0 和 Web 3.0 的特征及相互之间的区别。

表 1-4 Web 1.0、Web 2.0 和 Web 3.0 之间的区别

Web 1.0	Web 2.0	Web 3.0
通常是只读的	强可读写性	读写互动
拥有的内容	共享的内容	合并的内容
视觉 / 交互式网络	可编程网络	关联数据网络
主页	维基和博客	直播
网页	网络服务端点	数据空间
HTML/HTTP/URL/ 门户	XML/RSS	RDF/RDFS/OWL
页面浏览量	每次点击成本	用户参与
文件 / 网络服务器、搜索引擎、电邮、P2P 文件共享、内容和企业门户网站	即时通信，Ajax 和 Java Script 框架，Adobe Flex	个人智能数据助理、本体论、知识库、语义搜索功能
目录	给用户打上标签	用户行为
专注于公司	专注于社区	专注于个人
《大英百科全书》在线	维基百科	语义网
横幅广告	互动广告	行为广告

资料来源：Simplilearn，John Terra，2023

尽管 Facebook 在 2021 年将其公司名称改为 Meta，但元宇宙并不是 Facebook 首创，它只是元宇宙的积极参与者与推动者。元宇宙是一个独立于设备和供应商的集体虚拟空间，由虚拟增强的物理和数字现实的融合创造。它有自己独立的虚拟经济，由数字货币和不可伪造的代币（NFTs）促成。教育、医疗、零售和虚拟活动可以提供更加沉浸的体验，它们不需要创建自己的基础设施。元宇宙将提供框架，虚拟活动以呈现更多的综合产品，而零售业可以提供更多的沉浸式购物体验。在这方面，元宇宙与 Web 3.0 的空间网络并无二致，它是一种专注于 3D 图形和真实世界图像的虚拟沉浸式体验，而不是像当前网络体验那样的 2D 图形和文本。用户不是通过单击一个网站的链接来访问信息，而是在虚拟空间中行走、观察与互动。

Web 3.0 和元宇宙这两种技术之间最大的区别是，人们使用 Web 3.0 来访问元宇宙，就像汽车使用道路一样。Web 3.0 是关于去中心化的所有权和控制权，并将网络放在其用户和社区的手中。另外，元宇宙是一个共享的数字现实，使用户能够相互联系，建立经济并进行实时互动——它并不关心谁拥有它。Web 3.0 也建立在区块链和加密货币的基础上，而元宇宙使用 AR/VR 和数字货币等技术。这是由于 Web 3.0 是去中心化的，没有大公司的影响或控制。两者在使用方式上也有所不同，Web 3.0 是一套关于如何使用和管理互联网的新标准，元宇宙是关于游戏、社交媒体、零售和其他体验。它们的共性在于，元宇宙将继续存在于表层和深层网络中，尽管 Web 3.0 仍然经常被称为是去中心化的，然而，在社会媒体控制平台方面，元宇宙仍将是中心化的，两者都建立在先进的技术上，并将不断发展。语义网是元宇宙和 Web 3.0 的共同点。AI——这两种技术的另一个关键组成部分——将是建立一个复杂的用户界面不可或缺的。在技术意义上，与区块链一起取得的许多进展在两种技术中创造了共同点。每一个新的区块链概念都被评估为整合 Web 3.0 引擎的潜在模块，该引擎将为元宇宙的商品和服务提供动力。Web 3.0 和元宇宙都处于早期阶段。最终的产品将在几年后出现，而且可能会有很大的不同，因为技术并不总是与它的使用愿景相匹配。

2010 年以来 Web 3.0 月度活跃开发者数量趋势如图 1-8 所示。

Web 3.0 应用程序将在分布式区块链和云网络上运行。在设想的数字领域中，机器可以直接与其他机器和用户交流，然而这需要机器理解数字内容。AIGC 为此提供了解决方案，也正在成为 Web 3.0 的基本构件之一，通过更好的内容生成、推荐和改善人机互动来改善用户体验，由此 AIGC 也可以理解为 Web 3.0 的认知层，提供深度学习算法和分析能力，使机器与机器和用户之间"理解"在线内

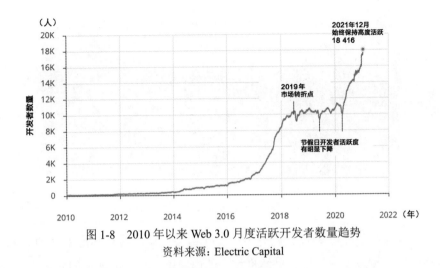

图 1-8 2010 年以来 Web 3.0 月度活跃开发者数量趋势

资料来源：Electric Capital

容。从本质上讲，超大规模算法模型将训练 AIGC 识别不同类型的内容，并为其赋予意义。这样一来，搜索引擎就不会只是推荐最受欢迎的内容类型，而是对其有一个全面深入的理解，据此更友好地与人类互动，以帮助改善整体的用户体验。

在 Web 2.0 中，AIGC 已经在各个领域开始了广泛的探索，在 Web 3.0 中自然会有很多应用方向。在与文本生成相关的 AI 工具方面已取得了突破性进展，AIGC 在文本创作中的应用包括编码、翻译和写作。文本创作本质上是对语言的使用。由于编程语言对 AI 来说相对更有结构性，更容易学习，但人类语言需要结合语境、语义等，因此，文本生成最成熟的应用场景是编码，代表性作品如 AI 出品的 GitHub Copilot。用户用文字输入代码逻辑，它可以快速理解，并根据海量的开源代码生成子模块，供开发者使用。现在，GitHub Copilot 生成的代码中有近 40% 是由 AI 编写的。虽然 Web 3.0 中的 SDK 等模块化插件提高了开发者的编程速度，但未来随着 AIGC 技术的普及，加密协议的开发效率可能会进一步提升。理想情况下，AIGC 可以自动检测市场需求或空缺，然后独立编程并生成新协议。在人类语言的内容创造方面，AIGC 也取得了很大的进展。目前，翻译的发展已经取得了很大的领先优势。Roblox 通过机器学习将英文开发的游戏自动翻译成其他 8 种语言，包括中文、德文、法文等（如图 1-9 所示）；腾讯开发的 Dreamwriter 新闻写作系统可用于 22 个规范的写作场景，平均发稿速度快至 0.46 秒；红杉资本的《生成式 AI：创意新世界》一文中，部分内容由 GPT3 自然语言模型撰写，阅读体验较好，还兼顾了行文流畅、逻辑清晰等写作要求。

AIGC 也将为 Web 3.0 的文本创作做出巨大贡献。Web 3.0 的新闻媒体和研究机构正面临着内容生态的双边困境。例如，虽然 CoinDesk 和 Messari 的产出质量

图 1-9　Roblox 自动将英文游戏翻译成其他语言

资料来源：Roblox，ShineINFAITH，Muse Labs

很高，但很难扩大生产规模。此外，受写作语言、翻译效率和准确性的限制，内容传播将进一步减少。另外，虽然推特上的内容很庞杂，但观点的质量无法保证。由于信息没有按照重要性和时效性等进行分类，因此呈现形式比较凌乱，没有分组、没有分类，也没有去重。显然，用户的需求并没有得到针对性的满足。同时，用户将面临信息过载的问题，在无效的内容上浪费了大量的时间。因此，Web 3.0 组织在平均生产规模和平均内容质量方面都明显落后于 Web 2.0 的同行。然而，Web 2.0 组织的规模和质量往往是基于众包策略，需要大量的初始投资。为了保证内容的质量，合格的分析师通常需要经过长期沉淀和强化培训，企业必须投入时间和培训成本。同时，为了保持产出规模，企业必须付出极高的人工成本进行大规模招聘。这类模式有两个明显的缺点：一个是成本过高；另一个是后期人才流失的风险，导致成本完全沉没。随着后续技术的进步，分析师至少可以节省总结标题和摘要的时间，而 AI 则能够通过理解全文直接生成。从长远来看，"合格的 AI 分析师"将迅速产生。Web 3.0 机构将大幅降低成本，同时提高内容生成的规模和质量，从而促进整个细分市场和整个行业的发展。信息协议、新闻协议或研究协议甚至可能出现在 Web 3.0 中。

AIGC 有可能引发 Web 3.0 音乐的新一轮创新。AIGC 开启了歌曲制作、歌词生成等方面的应用，互动性和实时性得到进一步加强。例如，自适应音乐平台 LifeScore 可以实时动态地安排音乐。一旦用户输入一系列的音乐素材，AI 就会对其进行改变、变形和重新混合，从而生成一场即时的音乐会。如图 1-10 所示，2020 年 5 月，LifeScore 为 Twitch 互动电视系列 *Artificial* 提供了自适应配乐，随着故事的展开，它可以根据观众的情绪状态影响配乐。系统提供了四种典型的情绪：快乐、紧张、神秘、悲伤。用户只需要通过口头语言或使用相关的表情就可以修改乐谱。从短期来看，AIGC 可以帮助创作者改编、再创作，或者直接辅助音乐创作，大大减少他们的工作量，提高工作效率。从长远来看，一些音乐平台已经在 Web 3.0 中出现，随着 AIGC 技术的引入，协议可能会根据听众的个人喜好生成定制歌曲。该平台不仅可以极大地削减版权费用，而且用户还可以减少歌曲的支付。此外，用户还可以发布由 AI 创作的独家歌曲，为自己带来收益，从而增强 Web 3.0 音乐市场的创作者经济。

图 1-10　LifeScore 根据观众对剧情的感受，实时创建背景音乐

资料来源：Twitch

　　除了上述前沿方向外，AIGC 在其他 Web 3.0 市场领域也有很大的潜力，具体包括以下应用：

- NFT 的主体是图片或艺术作品。目前，许多 AI 模型已经收集了整个艺术史和流行文化的数据。任何用户都可以随意生成自己喜欢的 NFT。不同的 NFT 需要有不同的面孔、服装和情感特征。传统的生成方法承担着高成本和低效率，创作者需要进行原型设计、多次建模和渲染等工作，而 AIGC 可以帮助创作者在前期更有效地尝试草图，并在后期节省人力来完成画面的细节。在未来，AIGC 有可能实现 NFT 的低成本量产。此外，UGC 创作容易被复制和传播，侵权问题经常发生。然而，NFTs 具有唯一性、不可分割性和可交易性，可以解决资产防伪、确权、可追溯等问题，加强版权保护。
- AIGC 也在改进跨模状态下的生成，如文本生成图像 / 动画，反之亦然。
- AIGC 的进步也将促进 Web 3.0 社会市场领域的发展。真实的人不可避免地会有一些缺点，但 AI 可以创造出用户喜欢的虚拟人物，因为 AIGC 生成的虚拟人物将完全根据用户需求定制。用户可以定制或利用模板来定义人物的属性，如家庭、职业、年龄等。AI 将帮助虚拟人物在特定场景下在外观和动作上表现得更像真实的人，并赋予它们语言表达和互动的功能，以体现一定的移情能力。此外，虚拟人物伴随着比人类更丰富的知识储备和更快的更新频率，不需要休息。因此，可以预见，虚拟人物在某些特定领域提供的娱乐和服务将与真人相媲美，甚至超越真人。例如，虚拟人物将通过与用户的交流继续学习，实现情感上的陪伴。参照 Web 2.0 中的 ACGN 群体和社交软件重度用户，Web 3.0 的社交市场在 AIGC 的支持下无疑会变得更大。AIGC 在 Web 3.0 教育中的应用可能产生意想不到的效果。由于 AI 的学习模式是相对结构化和条理化的，由 AIGC 制作的教科书和讲座可能会降低理解障碍，帮助受众更容易吸收知识。综上所述，AIGC 在 Web 3.0 领域的应用是相当广阔的。

自然语言处理（NLP）是语言学和人工智能最迷人的子领域之一，也将在语义网中发挥突出作用，使 AIGC 算法能够分析和逐步理解在线通信。NLP 在语义网中的实施对于创造一个更安全的在线环境和推进其一些最有前途的元素至关重要，例如，基于 AIGC 的聊天机器人来实现客户支持流程的自动化或更好的内容索引算法。AIGC 作为 Web 3.0 认知层的应用，可为用户带来以下好处：

- 产生更多个性化的建议。AIGC 驱动的推荐引擎已经在亚马逊和 Netflix 等流行的 Web 2.0 应用中被采用。AI 算法可能成为 Web 3.0 推荐引擎的核心，因为它们有能力分析大量的用户数据并在个人层面上创建预测模型。基于 AIGC 的推荐引擎将带来更好的导航性和用户体验，这要归功于它们能够真正"理解"用户的偏好并提供更多个性化的推荐。

- 更智能的 dApp 和 NFT。随着区块链开发者整合 AIGC，Web 3.0 将引入更智能的分散式应用（dApp），使其具有更先进的现实世界效用。一个引人入胜的早期例子是 Alethea AI 的 Alice——第一个具有自我学习能力的非可替换代币（NFT），当它从每一次新的互动中学习时，会改变与人的互动方式。Alice 有自己的个性，能够与互联网用户进行详尽的对话，并在这个过程中向他们学习。随着 AI 算法的进步，下一代 dApp 和 NFT 可能会从它们的功效中受益，因为分散的应用程序获得了更好的数据管理和分析能力，而下一代 NFT 将带有类似人类的行为。

- 更人性化的营销广告。虽然社交媒体巨头和营销公司已经在收集我们的浏览数据，以提供更多相关的广告，但这并不符合互联网用户的最佳利益。首先，互联网用户在没有意识到其真正价值的情况下，将自己的数据随意签给了暴利的第三方。其次，这些公司采用的侵入性数据挖掘做法在互联网用户中引起了广泛的隐私担忧。Web 3.0 的去中心化精神旨在通过让人们重新控制自己的数据而带来更多的用户权利——这些数据可以选择与广告商共享，由广告商直接向用户付费。通过 AIGC 应用，广告公司将能够分析更大量的数据，并在个性化用户广告时考虑更多因素。因此，Web 3.0 用户将收到更多相关广告，而人工智能算法将不断适应每个人的喜好。

- 增强的内容安全性。内容安全是 Web 2.0 最具挑战性的问题之一，因为我们独特的主观视角，人类的内容安全索引往往导致元数据的不一致。AIGC 消除了人类思维的偏见，这可以使内容元数据更加一致和可靠。视频内容安全特别重要，因为每天上传的视频数量远远超过了人类的监督能力。然而，由于 AIGC 算法的大规模可扩展性，AI 有望彻底改变 Web 3.0 的内容安全。

最后，我们再与 ChatGPT 做一些互动。当我问它"你认为，到 2030 年会有多少书籍是 AI 生成的？"时，它的回答反映了 AIGC 的局限性，即目前 AIGC 的功能只能对已有的内容与数据进行提取，而无法像人类一样推论或预测，但它的回答也不是一无是处："我作为一个语言模型，无法对未来做出确切的预测。但是随着 AI 技术的不断发展，AIGC 在出版业和其他领域中的应用正在增加。到 2030 年，可能会有大量的书籍是通过 AI 生成的，但具体数字取决于各种因素，如技术进步、市场需求、行业规范等。"所以我又问了一个具体的问题："如何使用 ChatGPT 和 Midjourney 来完成一本书？" ChatGPT 的回答就非常有价值了：

（1）确定书籍类型和主题。ChatGPT 可以帮助您了解特定领域的相关信息，以及目前市场上类似书籍的趋势。

（2）开始规划书籍大纲。使用 Midjourney 的工具，如笔记、大纲和故事板，可以帮助您组织您的思想并开始编写您的书籍。

（3）使用 ChatGPT 进行研究和阅读。ChatGPT 可以为您提供相关主题的资料和参考文献，以帮助您更深入地了解您所写的内容。

（4）在 Midjourney 平台上开始编写书籍。在这个过程中，您可以使用 ChatGPT 作为一个资源，以获得灵感和帮助，确保您的内容准确、清晰和易于理解。

（5）审查和编辑内容。使用 Midjourney 的审查和编辑工具，以及 ChatGPT 的建议和指导，确保您的书籍达到专业水平，并符合行业标准。

（6）发布书籍。使用 Midjourney 的自助出版工具，将您的书籍发布到亚马逊等在线书店，从而向全世界的读者推广您的作品。

总之，ChatGPT 和 Midjourney 都可以为您提供宝贵的资源和工具，帮助您完成一本成功的书籍。但是，只有创造力和良好的写作技巧才是真正的关键。

第 2 章
AIGC 背后的智能

2.1 AIGC 技术源 —— 生成式 AI

2.1.1 生成式 AI 发展历程

在一百多年前的工业革命中，机器和工厂技术将人类劳动自动化的程度不断提高，改变了生产方式，而 AI 进一步提高了制造车间的效率[①]。同时，在相同的时间范围内，技术本身也经历了多次迭代，包括最近的数字化和智能化。在最近几年，互动性的工作如客户服务生硬、低效的互动令用户抓狂，甚至引起了大众的诸多抱怨。目前峰回路转，生成式 AI 有力地改变了现状，虽然对于客户来说，它还是同样的智能客服，但能够以一种接近人类行为的方式承担互动性劳动服务，它能够理解语境与上下文信息。当然，这并不是说这些工具是为了在没有人类输入和干预的情况下工作，在许多情况下，它们与人类结合起来是最强大的。

生成式 AI 也正在将技术推向一个被认为是人类

---

① Generative AI is here: How tools like ChatGPT could change your business, Michael Chui, Roger Roberts, and Lareina Yee, 2022.

思维所特有的领域：创造力。该技术利用其输入（它所摄取的数据和用户提示）和经验（与用户的互动，帮助它"学习"新信息和什么是正确／不正确）来生成全新的内容。为了区别于人类，我们将生成式 AI 的创造力称为机器创造力。虽然在可预见的未来，关于 AIGC 是否真的可以产生人类般的创造力的争论将持续发酵，但大多数人认为，这类工具通过展现更多更接近人类的思考与处理方式，向世界释放出更多的创造力。如图 2-1 所示，对于描述一个由 AI 生成的城市，我们在脑海中甚至是没有概念的，然而机器却能给出一些有趣的视觉概念。

图 2-1　描述"AI 生成的未来城市"的插图
资料来源：Midjourney

生成式 AI 作为一个新的概念，在 2014 年开发的生成式对抗网络（GANs）、2017 年的转化器和 2021 年的对比语言图像预训练（CLIP）等技术的基础上已经存在了一段时间。该技术在 2022 年爆发，因为模型在训练和服务方面的性能和成本效益大大提高，其产出也有很大的改善。具体来说，机器学习在感知和优化任务上早已超越人类，但最近的生成式 AI 模型也突破了认知障碍：如何理解数据和信息并在上下文中理解它们。这创造了许多人所说的"AI 的寒武纪大爆炸"。更进一步，这项技术被带到了我们所有人面前：开放式 AI 在短时间内为消费者提供了免费的工具（DALL·E、ChatGPT 等），吸引了我们的注意力和想象力。虽然今天的市场并不大，只有 80 亿～ 100 亿美元，但吸引投资者的是市场的预期增长，到 2030 年将超过 1200 亿美元（Grand View Research）。

这个历程大致可以用四个阶段来总结（见表 2-1），第一阶段是 8 年之前基于小模型的生成式 AI，随着算力与算数的提升，2015 年开始了模型规模化的竞赛，这场竞争带来了 2022 年更好、更快的结果，关键是随着摩尔定律的前行，生成式 AI 的使用成本极大地降低，使科技产品成为唾手可得的随身工具，它嵌入在移动端的 App 中，可以随时使用。在 2023 年，生成式 AI 发展更为快速，模型访问趋向于免费和开源，这使更多厂商涌入生成式 AI 市场以开发面向不同细分领域的产品，可以预见应用市场的井喷将催生出颠覆式的应用。

表 2-1　生成式 AI 的发展历程

时 间 阶 段	特　　点
阶段 1： 小 模 型 至 上（2015 年之前）	小模型被认为是理解语言"最先进的技术"。这些小模型擅长分析任务，并被部署在从交付时间预测到欺诈分类的工作中。然而，对于通用的生成任务来说，它们的表达能力还不够强。生成人类水平的写作或代码仍然是一个梦想
阶段 2： 规 模 竞 赛（2015—2022 年）	谷歌研究院的一篇里程碑式的论文（*Attention is All You Need*）描述了一种用于自然语言理解的新的神经网络架构，称为 transformers，可以生成质量上乘的语言模型，同时具有更强的可并行性，需要的训练时间也大大减少。这些模型是少数的学习者，可以相对容易地针对特定领域进行定制。随着模型越来越大，它们开始接近人类水平，然后是超人的结果。从 2015 年到 2020 年，用于训练这些模型的计算量增加了 6 个数量级，其结果在手写、语音和图像识别、阅读理解和语言理解方面超过了人类性能基准。OpenAI 的 GPT3/4 脱颖而出：该模型的性能相比于 GPT2 有了巨大的飞跃，并在从代码生成到冷笑话写作等任务上提供了诱人的推特演示。尽管有全部的基础研究进展，但这些模型并不普遍。它们体积庞大，难以运行（需要 GPU 协调），不能广泛使用（不可用或仅有封闭测试版），而且作为云服务使用，费用昂贵。在这些限制之下，最早的生成式 AI 应用开始进入战场
阶段 3： 更好、更快、更便宜（2022 年）	计算变得更便宜。新技术如扩散模型缩减了训练和运行推理所需的成本。研究界继续开发更好的算法和更大的模型，开发者的权限从封闭测试版扩大到开放测试版，或在某些情况下，开放源代码。对于那些曾经对 LLM 感兴趣的开发者来说，现在探索和应用开发的闸门已经打开。应用开始大面积出现
阶段 4： 杀 手 级 应 用 出 现（2023 年之后）	模型继续变得更好、更快、更便宜，以及模型访问趋向于免费和开源，应用层的创造力爆发的时机已经成熟。正如移动通信通过 GPS、相机和随身连接等新功能释放了新类型的应用，预计这些大型模型将激励新一波生成式 AI 应用。正如 10 年前移动通信的拐点为少数几个杀手级应用创造了一个市场缺口一样，预计下一款杀手级应用将出现在生成式 AI 中

资料来源：*Generative AI: A Creative New World*

ChatGPT 则是 AIGC 发展浪潮中的一个爆点，要想真正了解 AIGC，必须了解其技术源——支撑 AIGC 实现的智能中心——生成式 AI，而 AIGC 是生成式 AI 的一种应用形式或场景。生成式 AI 可以通过深度学习等技术从海量的数据中学习出规律和特征，并且可以基于这些特征来生成新的数据或内容，即我们所说的通过训练模型来自动生成数据、图像、视频、音频、文本等内容的技术。在实际应用中，生成式 AI 技术可以用来生成多种类型的事物，除了我们熟知的 AIGC 可应用于艺术创作、音乐创作、游戏设计等领域，带来更加出色的创意产出效果之外，生成式 AI 还可以广泛应用于高科技领域，例如设计一颗芯片、一个发动机、一幢创新建筑等。在工业领域，AI 广泛应用于计算机辅助建模与工艺参数调优，而现在也可以应用于模型和最佳参数组合的生成，并在模拟的环境中测试生产提升的程度。AIGC 作为生成式 AI 的一部分，在不同程度上利用了机器学习、深度学习等技术来进行创意产出，是人工智能技术在创造性领域的重要应用之一。

从两者的功能来看，生成式 AI 一直为 AIGC 的发展提供技术动力，它是建立在 GPT3/4 或稳定扩散等大型模型之上的。随着这些应用程序获得更多的用户数据，它们可以对其模型进行微调，以便为它们的特定问题空间提高模型质量 / 性能，同时减少模型大小 / 成本。我们可以把生成式 AI 的应用程序，例如 AIGC 的工具——ChatGPT，看作一个用户界面层（AIGC 工具）和"小脑"（生成式 AI），它位于大型通用模型这个"大脑"之上。

从表现形式上来看，生成式 AI 应用程序在很大程度上是作为现有软件生态系统的插件存在的，微软 Office 365 Copilot 就是一个典型的例子。其他的应用还有很多，例如代码完成发生在 IDE 中，图像生成发生在 Figma 或 Photoshop 中，甚至 Discord 机器人也是将生成式 AI 注入数字 / 社会社区的容器。还有数量较少的独立的生成式 AI 网络应用，例如用于文案写作的 Jasper 和 Copy.ai、用于视频编辑的 Runway，以及用于笔记的 Mem。对相对独立的软件来说，插件可能是一个有效的棋子，这意味着 AIGC 一夜之间可以拥有百万级甚至更多的用户，这种反馈汹涌澎湃而来，在给用户带来便利的同时，需要快速地优化和迭代模型，实现"更多鸡生更多蛋，更多蛋又孵出更多鸡"的良性循环。AIGC 获得海量的用户来改善模型，但同时又将优势模型用来服务，以吸引更多的用户。这种以大型软件作为插件使用的分销策略，在部分市场类别中得到了丰厚的回报，如消费者与社会服务。

在交互范式上，大多数生成型 AI 演示都是"一劳永逸"的：你提供一个输入，机器反馈一个输出。我们通常保留认为不错的结果，放弃那些看起来并不准确的内容结果。这种情况正在得到好转，越来越多的模型正在迭代，用户可以用持续的输出来修改、完善、提升和产生更优的结果。例如，生成式 AI 的产出被用作原型或初稿，AIGC 应用程序则擅长反馈出多个不同的想法，让创意过程得以持续进行，直到用户满意（例如，标志或建筑设计的不同选项）。它们也很擅长提出需要由用户进行微调以达到最终状态的初稿（例如，博客文章或代码自动完成）。随着模型变得更加智能，在部分依赖用户持续输入更多数据的前提下，这些草案正变得越来越好，直到可以作为最终产品，让用户满意并使用。

图 2-2 从另一个视角展示了基本模型的进展及基于这些模型生成的应用的发展过程，并对 2030 年的发展做了预判。事实上它完全有可能发展得更快，因为摩尔定律并没有放缓。但同时，我们注意到，图 2-2 在 2023 年、2025 年、2030 年后面打了一个问号，说明这种预判可能是不确定的。我们认为 AIGC 到 2030 年甚至更长远的时间内完全超过人类是不可能的。一方面，人类智能不会停滞不前，而是在不断进化。如果说机器正在不断学习人类智能，那么人类当然也更加擅长学习机器智能并融合这种智能。另一方面，人类可以创造 AI，当然也可以利用 AI 来打败 AI，这同样证明人类智能始终要高于机器智能。

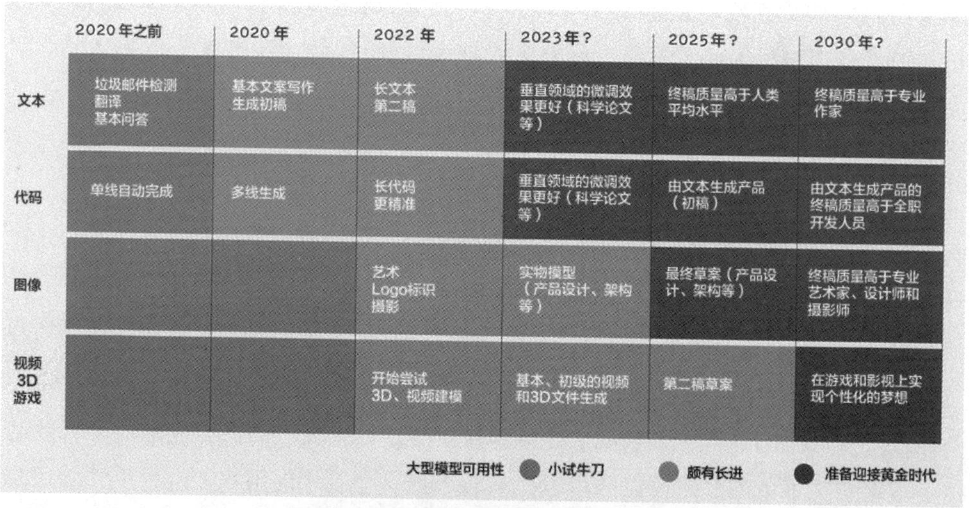

	2020 年之前	2020 年	2022 年	2023 年？	2025 年？	2030 年？
文本	垃圾邮件检测 翻译 基本问答	基本文案写作 生成初稿	长文本 第二稿	垂直领域的微调效果更好（科学论文等）	终稿质量高于人类平均水平	终稿质量高于专业作家
代码	单线自动完成	多线生成	长代码 更精准	垂直领域的微调效果更好（科学论文等）	由文本生成产品（初稿）	由文本生成产品的终稿质量高于全职开发人员
图像			艺术 Logo标识 摄影	实物模型（产品设计、架构等）	最终草案（产品设计、架构等）	终稿质量高于专业艺术家、设计师和摄影师
视频 3D 游戏			开始尝试 3D、视频建模	基本、初级的视频和3D文件生成	第二稿草案	在游戏和影视上实现个性化的梦想

大型模型可用性　● 小试牛刀　　● 颇有长进　　● 准备迎接黄金时代

图 2-2　基本模型的进展及相关应用成为可能的时间表
资料来源：红杉资本

从人类自身的智能进化来说，最新的一项研究表明：人的智能比 AI 进步得更快，AI 未必能超过人。《新科学家》（*New Scientist*）报道，研究者经过数年追踪和对比专业围棋手和围棋 AI 的水平提升情况，结果发现人的进步幅度比 AI 要大、要快。围棋是源自中国的一种传统娱乐游戏，棋盘由 19 条横线和 19 条竖线组成，两棋手各执黑白棋子，轮流将一枚棋子放置于横竖线交叉点上，最后以棋子所占面积大小论输赢。2016 年以前，围棋 AI 还不能确保击败人类最高水平棋手，但是到了 2017 年 5 月，名为"阿尔法狗"（AlphaGo）的围棋 AI 击败了所有接受挑战的人类棋手。为了研究人类的智能，香港城市大学的科学家收集和分析了 1950 年至 2021 年 70 年间 580 万步专业围棋棋手的落子数据，并使用一种名为 DQI（Decision Quality Index，决策质量指数）的方法来衡量下围棋时每落一个棋子的好差程度，以及评判某一落子是否为"新招"，进而分析围棋水平的提升幅度。科学家发现，1950 年至 2015 年间，在 AI 没有完胜人类棋手之前，人类棋手的进步幅度不大，DQI 基本摇摆于 –0.2 ～ +0.2；相反，在 2016 年后即围棋 AI 开始胜过人类的消息传出之后，2018 年至 2021 年间人类棋手的 DQI 指数一跃升至 0.7，而且人类棋手表现出更多的"新招"。《新科学家》中一篇文章写道，从 DQI 评测数据看，人类棋手下棋水平到 2018 年的提升幅度达 88%。美国加州伯克利大学计算机学家斯图亚特·卢塞尔（Stuart Russell）曾对围棋棋手的水平提升表示：这不必惊讶，因为人为了挑战机器，就会想方设法研究出对机器而言没有验证过的棋招。

从人类通过 AI 打败 AI 来看，也有一个非常有趣的实例。2023 年 2 月，美国一名业余围棋棋手凯林·佩尔林（Kellin Pelrine）击败了 AI 围棋系统"KataGo"，在没有计算机的进一步帮助下赢得了 15 局中的 14 局。这是自 2016 年 AlphaGo 在围棋对弈取得里程碑式的胜利以来，人类罕见的胜利。它表明，即使是最先进的 AI 系统也会有明显的盲点。凯林以"声东击西"的战术击败 AI 围棋系统"KataGo"，其后按照类似方法连赢 14 场。然后用同样思路战胜另一款顶级 AI 围棋系统"Leela Zero"。凯林的胜利是由一家名为 FAR AI 的研究公司促成的，该公司开发了一个程序来探测 KataGo 的弱点。在下了一百多万盘棋之后，它能够找到一个可以被业余棋手利用并击败它的弱点。人类击败 AI 的方法很简单：先是布局一个大的"环形"棋块来包围对手的棋组，然后通过在棋盘的其他区域下棋来分散计算机的注意力。这时，即使 AI 系统的棋组几乎被包围，它也没有注意到这个策略，但如果换作人类棋手，这种毫无意义的策略很容易被发现和瓦解。这一缺陷表明，AI 系统无法真正超越其训练而"思考"，所以它们经常做一些在人类看来非常愚蠢的事情。

2.1.2　生成式 AI 创新世界

不同细分市场的公司会进入特定的问题空间（例如，代码、设计、游戏），而不是试图成为所有人的一切。它们可能会首先深入整合到应用程序中，以发挥和分配，然后尝试用 AI 原生工作流程取代现有的应用程序。以正确的方式建立这些应用程序来积累用户和数据需要时间，但我们相信最好的应用程序将是持久的，并有机会成为大规模的。Gartner 的报告显示，生成式 AI 使包括制造业、汽车业、航空航天和国防在内的行业能够设计出满足特定目标和约束条件的优化部件，如性能、材料和制造方法。例如，汽车制造商可以使用生成设计来创新，这有助于实现他们使汽车更省油的目标[①]。

生成式 AI 和其他基础模型正在改变 AI 游戏，将辅助技术提升到一个新的水平，减少应用开发时间，并为非技术用户带来强大的能力。像 ChatGPT 和 GitHub Copilot，以及为这些系统提供动力的底层 AI 模型（Stable Diffusion、DALL·E 2、GPT3/4 等），正在将技术带入曾经被认为是为人类保留的领域。有了生成式 AI，计算机现在可以说是展现了创造力。它们可以根据查询产生原创内容，从它们获取的数据和与用户的互动中汲取营养。它们可以开发博客、绘制包装设计草图、编写计算机代码，甚至对生产错误的原因进行理论分析。

在行业的竞争策略上，由于生成式 AI 及 AIGC 的进化都需要与用户建立持续反馈，并越大越好，所以不同的应用必须针对自己的细分市场进行深耕。领先的生成式 AI 公司需要双轮驱动，通过不懈努力以获得用户参与，从而获取数据，同时持续地优化模型性能。双轮驱动的过程分成三步：

- 拥有卓越的用户参与度。
- 将更多用户参与度转化为更好的模型性能（提示改进、模型微调、用户选择作为标记的训练数据）。
- 利用优秀的模型性能来推动更多的用户增长和参与。

多年以来，微软被视作一家传统软件公司，把它与创新联系起来似乎有点牵强，但该公司对 AI 的新发现和对该技术的数十亿投入正在改变这种状况。该公司的搜索引擎 Bing 十多年来被限制在个位数的市场份额后，最近以全新的功能和界面进入了人们的视线，这要归功于新的 AI 聊天机器人的整合，而微软新的内嵌 GPT3/4 的浏览器 Edge 已推向市场，只要登录就可以直接使用，而不需要懂得任何 ChatGPT 的知识，它甚至会主动提示你是否需要导入 Chrome 中的各种配置信息。ChatGPT 版必应仅发布一个月，其日活用户就突破了 1 亿，为历史上首次。借助 ChatGPT 版必应，微软正以惊人的速度赶超"搜索引擎一哥"谷歌，目前赢得了 AI 推动的搜索引擎竞赛。因此相信微软将继续把 GPT4 集成到必应之中。而

---

① ChatGPT, while cool, is just the beginning; enterprise uses for generative AI are far more sophisticated，Gartner，2023.

现在，重点已经转向将生成式 AI 整合到办公室生产力应用程序中了。

行业巨头谷歌已于 2023 年 3 月发布了一套即将为其各种工作空间应用程序提供的生成式 AI 功能，包括 Gmail、Docs、Sheet 和 Slides。仅仅几天后，微软发布了 365 Copilot，为其自己的办公生产力应用提供类似的生成式 AI 功能。到目前为止，这两项新增功能都还没有向公众推出，但已经提供了足够的信息来区分这两者。表 2-2 列出了谷歌 Workspace 与微软 Office 365 Copilot 的异同。

表 2-2 谷歌 Workspace 与微软 Office 365 Copilot 的异同

名　　称	策　　略	功　　能
谷歌 Workspace	● 谷歌对生成式 AI 的目标是帮助 Workspace 用户"利用生成式 AI 的力量，以前所未有的方式进行创造、连接和协作"。该公司的公告相当直截了当，具体说明了一旦推出，用户将体验到的全部功能清单 ● 将一堆独立的人工智能功能整合到 Workspace 中，共同提高生产力	● 文件：使用人工智能进行头脑风暴、校对、写作和改写 ● 幻灯片：自动生成图片、音频和视频 ● 表格：通过自动完成、公式生成和上下文分类，从原始数据中生成洞察力和分析 ● Gmail：起草、回复、总结和优先处理电邮 ● 会议：生成新的背景，并在会议中捕获笔记 ● 聊天：启用工作流程以完成任务 ● AI 图像生成。提供与 DALL·E 和 Midjourney 等工具类似，用户可以使用谷歌的人工智能来生成图像，然后将这些图像纳入演示文稿中。谷歌还表示，这项技术可以用来自动生成音频和视频
微软 Office 365 Copilot	● 微软在生成式 AI（由 GPT4 驱动）方面的目标是帮助人们专注于重要的事情，而不是太多的时间被工作的苦差事所消耗，这些苦差事消磨了用户的时间、创造力和精力 ● 被捆绑在一起，成为一个单一的助手，可以在整个 Office 应用程序中召唤	● Word：创建草稿，进行编辑和迭代 ● PowerPoint：用一个简单的提示创建演示文稿，其中将通过 DALL·E 为 PPT 生成图像 ● Excel：分析趋势并创建专业的数据可视化效果 ● Outlook：使用人工智能"在几分钟内清空收件箱，而不是几个小时"，生成电邮摘要和回复草稿 ● Team：总结关键的讨论点，包括谁说了什么、人们在哪些方面意见一致、哪些方面意见不一致，并提出相应的行动项目 ● 提供了一些谷歌在公告中没有提到的功能。Copilot 具有高度的语境性，它从其他相关的文件、电邮、聊天记录、会议和联系人中提取信息，协助处理你目前正在处理的文件。这对于那些有几份冗长文件需要分析并形成一个大画面的大型组织来说，可能是一个改变游戏规则的因素 ● 将把 Copilot 引入其所有的生产力应用程序——Word、Excel、PowerPoint、Outlook、Teams、Viva、Power Platform 等。该公司目前正在对一小群客户进行有限的测试，以获得反馈

资料来源：*The Indian Express*

为了有效地使用生成式 AI，需要人类在过程的开始和结束时参与。首先，人类必须向生成模型输入一个提示，以便让它创造内容。一般来说，创造性的提示会产生创造性的输出。未来"提示工程师"可能会成为一个既定的职业，至少在下一代更聪明的 AI 出现之前。这个领域已经产生了一本 82 页的《达利 2》图像提示书，以及一个提示市场，在这个市场中，只要花一点钱就可以购买其他用户的提示。这些系统的大多数用户需要尝试几个不同的提示，才能达到预期的效果。然后，一旦一个模型生成了内容，就需要由人对其进行评估和仔细编辑。替代的提示输出可能会被合并到一个单一的文件中。图像生成可能需要大量的操作。杰森·艾伦在 Midjourney 的帮助下赢得了科罗拉多州的"数字操纵摄影"比赛，他告诉记者，Midjourney 花了 80 多个小时制作了 900 多个版本的艺术作品，并反复微调了他的提示。然后他用 Adobe Photoshop 改进了艺术化处理，用另一个 AI 工具提高了图像质量和清晰度，并在画布上打印了三幅作品。生成式 AI 模型具有令人难以置信的多样性，它们可以接受诸如图像、较长的文本格式、电邮、社交媒体内容、语音记录、程序代码和结构化数据等内容。它们可以输出新的内容、翻译、对问题的回答、情感分析、总结，甚至视频。

生成式 AI 正在构建一个创造性的新世界[①]。人类善于分析事物，但机器在某些方面甚至表现得更好。机器可以分析一组数据，并在其中找到模式，用于多种用途，无论是欺诈或垃圾邮件检测、预测快递的 ETA，还是预测下一步给你看哪个 TikTok 视频，它们在这些任务上越来越聪明。这被称为分析性 AI 或传统 AI。人类不仅擅长分析事物，也擅长创造。人类写诗、设计产品、制作游戏和编写代码。直到最近，机器还没有机会在创造性工作方面与人类竞争——它们被归为分析和死记硬背的认知劳动。但是，机器刚刚开始创造有意义和美丽的东西。这一新类别被称为生成型 AI，意味着机器正在生成新的东西，而不是分析已经存在的东西。如图 2-3 所示，Gartner 在其 2023 年新兴技术影响雷达的报告中，列举了 AIGC 的五个行业的应用案例。

（1）药物设计。2010 年的一项研究显示，一种药物从发现到上市的平均成本约为 18 亿美元，其中药物发现成本约占三分之一，而发现过程达 3 ～ 6 年。生成式 AI 已经被用来研究各种用途的药物，为制药业提供了减少药物发现的成本和时间的重要机会。

（2）材料设计。生成式 AI 正在影响着汽车、航空航天、国防、医疗、电子和

[①] Generative AI: A Creative New World，ONYA HUANG、PAT GRADY 和 GPT3，2022.

能源行业,以特定的物理特性为目标组成全新的材料。这个过程被称为逆向设计,它定义了所需的特性,并发现了可能具有这些特性的材料,而不是依靠偶然性来找到拥有这些特性的材料。

(3)芯片设计。生成式 AI 可以使用强化学习(一种机器学习技术)来优化半导体芯片设计(平面规划)中的元件位置,将产品开发的周期从几周缩短到几小时。

(4)合成数据。生成式 AI 是创建合成数据的一种方式,这是一类生成的数据,而不是从对真实世界的直接观察中获得的。这确保了用于训练模型的数据的原始来源的隐私。例如,医疗数据可以人为地生成用于研究和分析,而不透露其医疗记录,以确保隐私。

(5)部件。生成式 AI 使包括制造业、汽车业、航空航天和国防在内的行业能够设计出满足特定目标和约束条件的优化部件,如性能、材料和制造方法。例如,汽车制造商可以使用生成设计来实现汽车更省油的目标。

	行业							
	汽车及装具制造	媒体	建筑及工程	能源及公用事业	健康保健服务	电子产品制造	制造业	药品
药物设计								●
材料设计	●			●		●		
芯片设计						●		
合成数据	●		●	●	●	●	●	
部件	●		●			●		

图 2-3 按行业划分的 AIGC 应用案例
资料来源:Gartner

生成式 AI 正变得更快、更便宜,而且其产物在某些情况下比人类手工创造的东西更好。每一个需要人类创造原创作品的行业——从社交媒体到游戏、从广告到建筑、从编码到平面设计、从产品设计到法律、从营销到销售——都有可能被重新发明。某些功能可能会被生成式 AI 完全取代,而其他功能则更有可能从人类和机器之间紧密的迭代创意周期中茁壮成长。生成式 AI 应该在广泛的终端市场中释放出更好、更快、更便宜的创作。未来生成式 AI 将创造工作的边际成本降至零,产生巨大的劳动生产率和经济价值,以及相应的市场容量。市场咨询公司 Gartner 预测,到 2025 年,生成式 AI 将占所有创建的数据的 10%,而 2022 年这一比例还不到 1%。

2.2　AIGC 背后的人类智能

生成式 AI 已经可以做很多事情了，它能够产生文本和图像，跨越博客文章、程序代码、诗歌和艺术作品。它背后的重大突破是大型语言模型（LLMs）。这些模型的基本思想是学习预测下一个单词在所需输出响应中的概率，其依据是前面的单词的上下文。LLMs 有三个特点：首先，它们中的许多都依赖一种叫作 Transformer 的神经网络架构，这使它们能够关注输入数据的多个部分。这使模型能够捕捉到文本不同部分之间的长期依赖和关系，这对于生成真正听起来像人类的自然语言输出至关重要。它们的第二个特点是，能够有效地处理大量的训练数据。在机器学习中，用来训练模型的数据越多，模型的表现就越好。挑战在于，许多传统的机器学习模型使用监督学习技术，要求输入的训练数据极其干净，并有明确的注释，而创建干净和有注释的训练数据需要人工去努力。LLMs 通常需要利用无监督学习技术，这使它们能够从大量的非结构化数据中学习。这意味着建立这些模型的数据科学家不需要浪费时间仔细准备他们的数据，他们只需把能收集到的数据倾倒进去——ChatGPT 是在一个从互联网上收集的数据集上训练的，总共约有 3000 亿个单词，然后让模型在数据中发现模式（单词共现、语义关系、语法等），而不用明确告诉它这些模式是什么。第三个特点是，LLMs 背后的基本理念可以在不同的数据类型中得到推广。以图像为例，与 LLMs 可以通过无监督学习来预测单词的正确序列一样，类似的模型（如视觉—语言预训练）也可以用来预测图像中像素的正确序列。这些图像生成模型比文本生成模型的计算量更大（图像中的像素比文章中的单词多得多），但它们产生了惊人的结果。

一旦你创建了底层 LLM，就可以为一个特定的任务校准你的预训练模型，例如创建一个可以从简单的文本输入生成中英文诗歌的应用程序。这种完善可以使用一种叫作监督微调的技术来完成，在这种技术中，你可以使用较小的标记数据集在一个新任务上训练你的预训练模型，或者可以使用一种叫作人类反馈强化学习（RLHF）的技术来完成，在这种技术中，预先训练好的模型产生一个输出，然后由一个实际的人对其进行反馈（正确或不正确），而模型则结合这些反馈，反复地改进其输出。这两种技术经常结合使用，这比最初的无监督学习需要更多的人工努力，但它们对于让生成式 AI 工具的模型通过"最后一公里"并产生类似于人类的输出是至关重要的。

LLMs 于 2017 年在谷歌大脑开始使用，最初用于翻译单词，同时保留上下文。从那时起，大型语言和文本、图像模型在领先的技术公司中激增，这就像技术神仙们在打群架：包括谷歌（BERT 和 LaMDA）、Facebook（OPT-175B、BlenderBot）和 OpenAI（GPT3/4 用于文本，DALL·E 2 用于图像，Whisper 用于语音）。在线社区如 Midjourney 及 HuggingFace 等开源供应商也创造了生成模型。这些模型在很大程度上受大型科技公司局限，因为训练它们需要大量的数据和计算能力。例如：GPT3 最初是在 45 兆字节的数据上训练的，并采用了 1750 亿个参数来进行预测，GPT3 的一次训练就花费了 1200 万美元。"悟道 2.0"模型[①] 则拥有 1.75 万亿个参数。大多数公司没有数据中心的能力或云计算预算来从头开始训练它们自己的模型。但是，一旦一个生成模型被训练出来，它就可以用更少的数据对特定的内容领域进行"微调"。这导致了 BERT 的专门模型——用于生物医学内容（BioBERT）、法律内容（Legal-BERT）和法语文本（CamemBERT）——以及用于各种特定用途的 GPT3/4。英伟达的 BioNeMo 是一个框架，用于在超级计算规模上训练、建立和部署大型语言模型，用于生成化学、蛋白质组学和 DNA/RNA。OpenAI 发现，只要有 100 个特定领域数据的具体例子，就可以大幅提高GPT3/4 输出的准确性和相关性。图 2-4 呈现了 AIGC 技术的发展，整体而言，经历了 RNN Seq2Seq 和 Transformer 两个阶段。

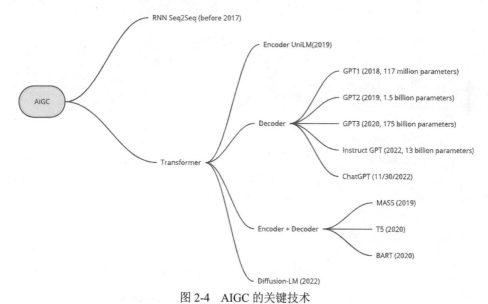

图 2-4 AIGC 的关键技术

资料来源：《ChatGPT 是如何工作的？追踪 AIGC 的演变》,Tonomy,2022

① 2021 年，北京智源人工智能研究院发布了全球最大的超大规模智能模型"悟道 2.0"，其模型参数规模达到 1.75 万亿，打破了之前由谷歌预训练模型创造的 1.6 万亿的纪录，是当时中国首个、全球最大的万亿级模型。

2.2.1 RNN Seq2Seq 模型

Seq2Seq（序列到序列）是 2014 年谷歌提出的一个模型，如图 2-5 所示，它是一种基于 Encoder-Decoder（编码器 - 解码器）框架的神经网络模型，广泛应用于自然语言翻译、人机对话等领域。Seq2Seq+Attention（注意力机制）于 2015 年被提出，已被学者拓展到各个领域。然后两者于 2017 年进入疯狂融合和拓展阶段。长期以来，AIGC 一直由基于 RNN[①] 的 Seq2Seq 模型主导，该模型由两个 RNN 组成，第一个 RNN 是 Encoder（编码器）端，Encoder 对输入的内容进行处理，然后输出一个向量 context，会被送到第二个 RNN 的 Decoder（解码器）端，Decoder 在接收后会产生输出序列，从而实现了从一个序列到另外一个序列的转换，比如谷歌曾用 Seq2Seq 模型加 Attention 模型实现了翻译功能，类似的还可以实现聊天机器人对话模型。经典的 RNN 模型固定了输入序列和输出序列的大小，而 Seq2Seq 模型则突破了该限制，例如在机器翻译中，输入"hello"对应的输出中文为"你好"，输入是 1 个英文单词，输出为 2 个汉字，这里的输入和输出长度显然没有确定的序列。但由 RNN Seq2Seq 生成的文本质量通常很差，常常伴随着语法错误或语义不清，这主要是由于错误的传输和放大。

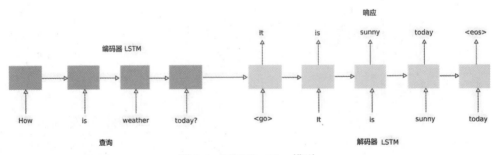

图 2-5　RNN Seq2Seq 模型

资料来源：谷歌

2.2.2 Transformer 模型

2017 年，Transformer 模型结构被引入，不同于 RNN Seq2Seq 的单向生成，它的并行序列处理十分有用，它架构中的重点是 Self-Attention（自关注）结构，其中用到的 Q, K, V 矩阵通过输出进行线性变换得到。通过 Multi-Head Attention

---

① RNN（Recurrent Neural Network，循环神经网络）是一类人工神经网络，节点之间的连接可以形成一个循环，允许一些节点的输出影响到同一节点的后续输入，这使它能够表现出时间上的动态行为。

（多头关注）中的多个 Self-Attention（自关注），Transformer 可以捕获单词之间多种维度上的相关系数（Attention Score）。对于 Transformer 本身不能利用单词的顺序信息的问题，通过在架构中加入位置嵌入得到了解决。由于其能够捕捉复杂的特征表征，训练效率有所提高，因此迅速得到了人们的青睐。因此，一系列的预训练模型被开发出来，成为 AIGC 的领先技术，造成文本写作算法研究的重点向 Transformer 模型转移。

Transformer 的 Encoder-Decoder（编码器—解码器）架构如图 2-6 所示。

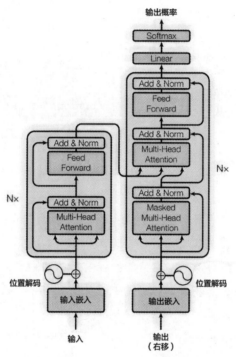

图 2-6　Transformer 的 Encoder-Decoder（编码器 - 解码器）架构
资料来源：*Attention is All You Need*，2017

1. Encoder UniLM

UniLM 是统一语言模型的简称，是微软研究院在 2019 年开发的一个生成性 BERT 模型，如图 2-7 所示。与传统的 Seq2Seq 模型不同，它只利用了 BERT，没有解码器组件。它结合了其他几种模型的训练方法，如 L2R-LM（ELMo、GPT）、R2L-LM（ELMo）、BI-LM（BERT）和 Seq2Seq-LM，因此被称为"统一 "语言模型。

UniLM 的预训练分为三个部分：从左到右、双向、从序列到序列。这三种方法的区别只在于改变 Transformer 的屏蔽矩阵。

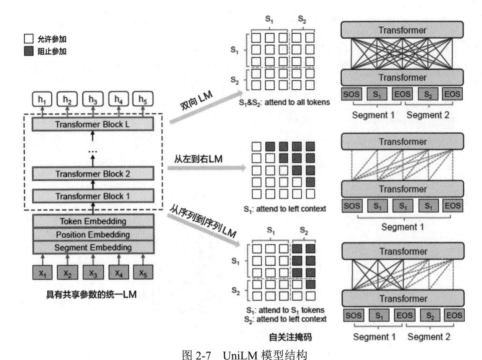

图 2-7　UniLM 模型结构

资料来源：微软

- 对于从序列到序列来说，前一句的注意力对后一句的注意力是被屏蔽的，所以前一句只能关注自己，而不能关注后一句。后一句的每个词对其后面词的注意力是被屏蔽的，它只能关注前面的词。

- 对于从左到右，转换者的注意力只集中在单词本身和它前面的单词上，而不注意它后面的单词，所以掩码矩阵是一个较低的三角形矩阵。

- 对于双向，Transformer 的注意力用于注意所有的字，包括 NSP 任务，就像原来的 BERT。在 UniLM 的预训练过程中，这三种方法各训练了 1/3 的时间。与原来的 BERT 相比，增加的单向 LM 预训练增强了文本表示能力，增加的从序列到序列 LM 预训练也使 UniLM 在文本生成 / 书写任务中表现良好。

2. Encoder + Decoder：T5

T5（Text-to-Text Transfer Transformer）是谷歌在 2020 年提出的一种模型结构，其总体思路是用 Seq2Seq 文本生成来解决所有的下游任务，如问答、总结、分类、翻译、匹配、续篇、指称歧义等。这种方法使所有任务都能共享同一个模型、同一个损失函数和同一个超参数。

T5 的模型结构是一个基于多层 Transformer 的编码器—解码器结构。T5 与其他模型的主要区别在于，GPT 系列是一个只包含解码器结构的自回归语言模型（AutoRegressive LM），而 BERT 是一个只包含编码器的自编码语言模型（AutoEncoder LM）。

T5 的预训练分为两部分：无监督训练和有监督训练。

- 无监督的训练。无监督部分类似于 BERT 的 MLM 方法，只是 BERT 是对单个字进行屏蔽，而 T5 是对连续的字段进行屏蔽，即文本跨度。被屏蔽的文本跨度只被单个屏蔽字符所取代，即屏蔽后的文本的序列长度也是未知的。在解码器部分，只输出掩码的文本跨度，而其他的字则统一由一组 <X>、<Y>、<Z> 符号替换。这样做有两个好处：一是增加了预训练的难度，显然预测未知长度的连续文本跨度比预测单个单词更困难，这也使得训练后的语言模型的文本表示能力更具有普适性，更适合在质量差的数据上进行微调；二是对于生成任务来说，输出序列是未知长度的，T5 的预训练很好，用于 T5 的预训练任务也被称为 CTR（损坏文本重建）。

- 有监督的训练。监督部分使用 GLUE 和 SuperGLUE 中包含的四大类任务：机器翻译、问答、总结和分类。Fine-Tune 的核心是将这些数据集和任务结合在一起作为一个任务，为了实现这一点，要为每个任务设计不同的前缀，与任务文本一起输入。

3. Encoder + Decoder：BART

BART 是双向和自动回归 Transformer 的缩写，它是 Facebook 在 2020 年提出的一种模型结构，如图 2-8 所示。顾名思义，它是一个结合了双向编码结构和自动回归解码结构的模型结构。BART 模型结构吸收了 BERT 中的双向编码器和 GPT 中的从左到右的解码器的特点，建立在标准的 Seq2Seq Transformer 模型之上，这使得它比 BERT 更适合文本生成场景。同时，与 GPT 相比，它还具有更多的双向语境信息。

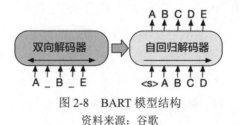

图 2-8　BART 模型结构
资料来源：谷歌

BART 的预训练任务采用了恢复文本中"噪声"的基本思路。BART 使用了以下具体的"噪声"。

- 令牌屏蔽。与 BERT 一样，随机选择一个令牌，用 "MASK" 替换。

- 符号删除。随机删除一个标记，模型必须确定哪个输入是缺失的。

- 文本填充。与 T5 的方法类似，屏蔽一个文本跨度，每个文本跨度都被一个 [MASK] 标签取代。

- 句子排列组合。用句号作为分隔符将输入的内容分成多个句子，并随机洗牌。

- 文件旋转。随机均匀地选择一个标记，并围绕它旋转输入，将所选的标记作为新的开头，这项任务训练模型识别文件的开头。

可以看出，与 BERT 或 T5 相比，BART 在编码器方面尝试了各种 "噪声"，原因和目的也很简单。

- BERT 中使用的简单替换导致编码器的输入带有一些关于序列结构的信息（如序列的长度），这在文本生成任务中一般不提供给模型。

- BART 使用更多样化的 "噪声" 集，目的是破坏这种关于序列结构的信息，防止模型 "依赖" 它。对于各种输入 "噪声"，BART 在解码器一侧使用统一的重建形式，即输出正确的原句。BART 使用的预训练任务也被称为 FTR（全文重构）。

4. Decoder：GPT 家族

GPT（Generative Pre-Training，生成式预训练）是一种迭代式预训练模型，其家族的主要成员包括 GPT1、GPT2、GPT3、InstructGPT 和目前流行的 ChatGPT，目前 OpenAI 已推出了 ChatGPT4。

GPT1 是 OpenAI 在 2018 年提出的第一代预训练语言模型，它的诞生早于 BERT，其核心思想是基于大量的未注释数据进行生成式预训练学习，然后在特定任务上进行微调。因为它专注于生成式预训练，所以 GPT 模型结构只使用 Transformer 的 Decoder 部分，其标准结构包括 Masked Multi-Head Attention 和 Encoder-Decoder Attention。GPT 的预训练任务是 SLM（标准语言模型），它根据之前的语境（窗口）预测单词的当前位置，所以需要保留 Mask Multi-Head Attention 来屏蔽单词的后续语境，防止信息泄露。因为不使用编码器，所以从 GPT 结构中删除了编码器 - 解码器。GPT1 的问题是，微调的下游任务缺乏可转移性，微调层不能共享。为了解决这个问题，OpenAI 在 2019 年推出了 GPT 家族的新成员——GPT2，如图 2-9 所示。

GPT2 的学习目标是使用一个无监督的预训练模型来完成一个有监督的任务。与 GPT1 相比，GPT2 有以下变化。

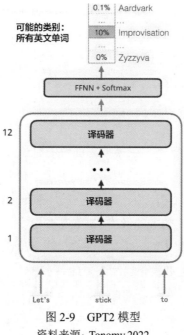

图 2-9　GPT2 模型

资料来源：Tonomy,2022

- 模型结构去掉了微调层，所有的任务都是通过为语言模型设计合理的语句进行预训练，训练时需要保证每个任务的损失函数收敛。
- 层归一化的位置被移到每个子块的输入端，并且在最后一个自我关注之后也添加了一个层归一化。
- 采用修改后的初始化方法，在初始化时，残余层的权重被缩放为 $1/\sqrt{N}$ 倍，其中 N 是残余层的数量。
- 词汇量扩大到 50257，输入语境的大小从 512 扩大到 1024，并且使用更大的 batch_size 进行训练。GPT2 的多任务训练使其具有更强的泛化能力，当然，这也是由于其使用了高达 40G 的训练语料。GPT2 最大的贡献是验证了用海量数据和大量参数训练的模型有能力转移到其他类别的任务，而不需要额外的训练。

GPT3 是 2020 年 OpenAI 在 GPT2 的基础上进一步推出的。GPT3 的方法更简单，模型的整体结构和训练目标与 GPT2 相似，但 GPT3/4 将模型规模增加到 1750 亿个参数（比 GPT2 大 115 倍），并使用 45TB 的数据进行训练。由于参数数量惊人，GPT3/4 可以使用零样本和少数样本进行学习和预测，而不需要梯度更新。

InstructGPT 是 2022 年 OpenAI 基于 GPT3 研究的重要成果。超大型模型 GPT3 在生成任务方面确实取得了前所未有的成果，尤其是在零样本和少样本的情况下，但 GPT3 面临着一个新的挑战：模型的输出并不总是有用的，它可能输出不真实的、有害的或反映负面情绪的结果。这种现象是可以理解的，因为预训练的任务是一个语言模型，预训练的目标是在输入约束条件下最大限度地提高输出为自然语言的可能性，而没有"用户需要安全和有用"的要求。为了解决这个问题，OpenAI 引入了人类反馈强化学习（RLHF）的技术，从而带来了 InstructGPT 的诞生。

InstructGPT 与 GPT3 相比，在模型方面没有什么变化，主要的变化在于训练策略。其总体思路是让注释者为调用实例提供示范性答案，然后利用这些数据对模型进行微调，使其能够做出更合适的反应。InstructGPT 的训练分为三个步骤，如图 2-10 所示，由此产生的 InstructGPT 在遵循指令方面要比 GPT3 好得多，同时 InstructGPT 也不容易凭空捏造事实，在产生有害输出方面有小幅下降的趋势。

- 收集示范数据并使用监督训练来训练一个模型。抽取部分提示数据集进行人工标注，并将其用于微调 GPT3。
- 收集对比数据，训练一个奖励模型。抽取一批数据，并将其输入步骤 1 中微调的模型中。注释者根据模型的优点对其输出进行排名，并使用这些数据来训练一个奖励模型。
- 使用强化学习来优化模型的输出。使用步骤 2 中获得的奖励模型，通过强化学习优化步骤 1 中微调的模型的输出，使模型能够输出更合适的反应。

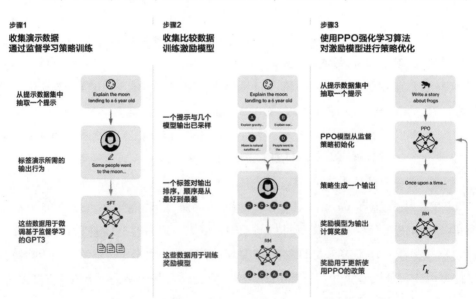

图 2-10   InstructGPT 进程

资料来源：Tonomy，2022

ChatGPT 是 OpenAI 于 2022 年 11 月 30 日正式发布的最新研究，它采用了与 InstructGPT 相同的方法，利用人类反馈的强化学习（RLHF）来训练模型，并对数据收集方法进行了改进。

ChatGPT 的训练过程与 InstructGPT 一致，不同的是 InstructGPT 在 GPT3 上进行微调，而 ChatGPT 在 GPT3.5 上进行微调。从 GPT1 到 ChatGPT 的发展过程中，OpenAI 证明了使用超大数据来训练超大模型，所产生的预训练语言模型足以处理各种自然语言理解和自然语言生成的下游任务，即使不进行微调，也能处理零/少样本任务。在输出的安全性和可控性方面，OpenAI 的答案是基于人力的强化学习——聘请 40 名全职注释员工作近 2 年（注释时间官方没有披露，此处仅是从 GPT3 和 ChatGPT 之间大概两年半的间隔来推断，因为强化学习需要不断迭代），为模型的输出提供注释反馈，只有这些数据才能进行强化学习，指导模型的优化。"Transformer+ 超大数据 + 超大模型 + 大量人力 + 强化学习"造就了今天惊人的 ChatGPT。

很快，OpenAI 于 2023 年 3 月发布最新的 GPT4，它是继 GPT3.5 之后的又一次重大突破。它的核心技术是基于 Transformer 的自回归语言模型，使用了大量的无标注数据进行预训练，学习了自然语言和其他模态之间的通用表示和关系。根据官方介绍，GPT4 是一个多模态大型语言模型，使用了 1.5 万亿个参数，比 GPT3.5 增加了 10 倍。它可以接受文本、图像、音频等多种输入，并生成相应的输出，还使用了一种后训练对齐的方法，通过与人类专家进行交互，提高了模型的事实性和符合期望行为的能力。GPT4 支持多模态（multimodal）输入和反向输出，例如根据图片生成字幕、描述、故事等，也可以根据文本生成图片、音频等。GPT4 的智能程度更高，在各种专业和学术的考试中都取得了令人惊叹的成绩，展现了接近人类水平的智能水平。例如，在美国 BAR 律师执照统考中，GPT3.5 可以达到 10% 水平分位，GPT4 可以达到 90% 水平分位。在生物奥林匹克竞赛中，GPT4 以 99% 的水平分位获得了金牌，而 GPT3.5 只有 31%。为避免强大的 GPT4 犯错，OpenAI 创始人 Sam Altman 表示，他们正在预览 GPT4 的图片输入模式，以防止可能出现的安全与伦理问题。

谷歌也不甘示弱地于 2023 年 3 月推出了新版的 Bard，其效果惊人，尤其是 ChatGPT 前期的数理能力，Bard 都不在话下，甚至有时候还比 GPT4 更胜一筹。例如它在回答问题的时候，会采用"总—分—总"的结构，更像是一篇短文，开头先回答问题，中间再引经据典，摆事实讲道理，并在最后给出切实的建议。另外，Bard 不仅对回答常规问题信手拈来，还善于基于理解和逻辑的结构回答哲学问题。还有，Bard 把生成式 AI 与搜索引擎合而为一了，对于问题的答案，如果用户不满意，可以反复生成，同时也可以通过谷歌搜索，因为谷歌把 Bard 作为搜索引擎的补充而不是一个替代产品。Bard 的首页上是这样介绍自己的："你的创意和帮助的合作者，在这里为你的想象力充电，提高你的生产力，并把你的想法变成现实。Bard 是一个试验品，可能会给出不准确或不适当的反应。你可以通过留下反馈意见来帮助 Bard 变得更好。"谷歌 CEO Sundar Pichai 解释了 Bard 上线如此之快的原因：希望获得用户的反馈，加速让 Bard 变得更好。

第 2 篇
AIGC 的应用

基于微软 BING 图像创建者和 PowerPoint 生成，2023

第 3 章

AIGC 的商业应用

3.1　应用概述

AIGC 作为史上用户增长最快的消费者应用、被普遍使用的人工通用智能，引燃了 AI 实用主义的爆发增长。主要有以下三方面的原因：

（1）需求侧方面。从智能商用来看，AI 智能在人脸识别、语音录入、智能检索和推送等方面已有长足的应用。但对于移动互联网的用户来说，其办公与生活的日常应用的智能水平并没有多大提升，例如一代一代的 Office 虽有升级但效果平平，普通用户使用 PowerPoint 生成一个精彩的讲稿，或用 Excel 生成一张个性的专业统计分析图表依然是非常困难，而仅通过 Office 中越来越多的模板并不能解决问题。类似的需求一直非常旺盛，因此多年以来还是需要借助专业人士来完成 Office 套件中的专业内容。这些多样且普遍的需求多年堆砌，推动着市场寻找更为智能的方案。在基于 OpenAI Chat4 模型的新 365 Copilot 的演示中，很多需求都能够被满足甚至超越期望。

（2）供给侧方面。无论是传统的软件公司还是互联网巨头，前几年都投资进入生成式 AI 市场，连马斯克也加入了这一场竞争。这些努力获得了巨大的收获，算法、算力和数据累积并相互作用的技术奇点到来了，竞争对手都意图在技术领先的优势上占领全新发展的市场。内容生成的 PGC 和 UGC 阶段产生的海量内容成为 AIGC 的资源池，摩尔定律把逻辑处理器的性能推向了新的高峰以支撑万亿参数模型的运行，先进算法能够更人性化地与人类基于议题背景进行连续性交流。而商业模式上，技术供应商捆绑在 MS Office、Google Workspace 和 Adobe 等软件巨头的应用上，瞬间降到了白菜价。

（3）需求与供给双轮的循环式上升。Web 3.0、元宇宙、超级人类等科技发展新动向，处处都有对 AIGC 的需求，这种需求与供应在不同领域的持续反馈和学习，交叉产生了无数个细分的新市场。我们还在讨论何时可以用上 Office Copilot 的时候，微软的搜索引擎已启动了 ChatGPT 模式，一切都是发展得如此之快。无论是国外还是国内，巨头公司纷纷入局，而资本也在对 AIGC 的商业版图进行投资布局。如今，全球 AI 市场的主要参与者包括 Alphabet（谷歌）、苹果、百度、IBM、IPsoft、微软、MicroStrategy、英伟达、Qlik 技术、Verint 系统、SAP SE。Fortune Business Insights 在其题为《2020—2027 年人工智能市场》的报告中提出，AI 市场规模预计到 2027 年将达到 2669.2 亿美元，预计在预测期内将显示出 33.2% 的惊人复合增长率。这份报告是 2021 年发布的，由于当时 AIGC 的代表——ChatGPT 还没有出现，Fortune 有可能低估了 AI 市场的发展。根据普华永道的预测，到 2030 年 AIGC 全球市场规模将达到 15.7 万亿美元，约合人民币 104 万亿元（包含带动的产业规模）。

AIGC 的应用技术已经展现出它对企业的价值创造，某种程度上要远高于普通员工的产出。因其经济与时间成本都要低得多，而员工的薪酬则不断上涨，这种优势更是凸显。AI 内容生成的速度明显更快，因为计算机可以在比人类更短的时间内处理巨大的数据量。这些 AI 内容生成器还可以在很少的输入下生成无限的作品，使它们成为需要新材料的企业的理想选择。表 3-1 展示了人类社会逐步被 AIGC 替代和不可替代的工作内容，注意不是工作本身而是工作中的部分内容。正如汽车代替了马车，并不代表人类不再需要马匹，同时汽车产业带来新的就业机会远远大于马车行业的传统容量，相对于短暂的威胁，这更是一种进步。

表 3-1　逐步被 AIGC 替代和不可替代的工作内容

工作类型	岗　位	逐步替代的工作内容	无法替代的工作内容
技术工作	编码员、计算机程序员、软件工程师、数据分析师	● 编码和计算机编程是紧缺技能，但 ChatGPT 和类似的人工智能工具有可能在不久的将来填补一些空白	● 在相当长的时间内，人的独创性和想象力要领先于 AIGC

工作类型	岗　　位	逐步替代的工作内容	无法替代的工作内容
技术工作	编码员、计算机程序员、软件工程师、数据分析师	● ChatGPT 这样的人工智能擅长以相对准确的方式计算数字	● 复杂决策仍然需要人类来完成，机器智能不具备人类的灵活性和判断力 ● 人类可以充分利用过去的经验来应对变化的事物，人类富有同理心、同情心，如爱与被爱 ● 人类在互动过程中的直觉判断与情感化互动。例如情人眼中出西施 ● 人类可以非机械式地分析和解释数据（洞见那些并没有被采集的信息），基于预感对未来进行预测
媒体工作	广告、内容创作、技术写作、新闻	● 整个媒体工作可能会受到 ChatGPT 和类似形式的 AI 的影响。AI 能够很好地阅读、书写和理解基于文本的数据 ● 分析和解释大量基于语言的数据和信息是一种技能，生成式 AI 技术在这方面有所提升 ● 经济学家保罗·克鲁格曼在《纽约时报》的专栏文章中说，ChatGPT 能够比人类更有效地完成报告和写作等任务 ● 科技新闻网站 CNET 使用与 ChatGPT 类似的 AI 工具写了几十篇文章，尽管不够好但尚且可用	
法律行业的工作	律师助理、法律助理	● AI 可以代替律师助理和法律助理所做的一些工作，尽管他们并不是完全可以替代的 ● 与媒体角色一样，法律行业的工作需要综合大量信息，然后通过法律简报或意见书使其易于理解	
市场工作	研究分析员	● 善于分析数据和预测结果 ● 市场研究分析师负责收集数据，利用 AIGC 分析数据中的趋势，然后借助新的发现来设计一个有效的营销活动	
教育工作	教师	● 教师都在担心学生使用 ChatGPT 来生成家庭作业 ● 虽然在知识方面有错误和不准确的地方，但很容易改进	
金融工作	金融分析师、个人财务顾问	● 可以识别市场的趋势，强调投资组合中哪些投资表现更好，哪些更差 ● 完成自动化分析，例如金融公司使用各种其他形式的数据来预测更好的投资组合	
经贸工作	贸易商	● 在投资银行，人们从大学毕业后就被雇用，花两三年时间像机器人一样工作，做 Excel 建模 —— 可以让人工智能来做这些	

续表

工作类型	岗　　位	逐步替代的工作内容	无法替代的工作内容
设计工作	平面设计师	● DALL·E是一种能在几秒内生成图像的人工智能工具，是平面设计行业的潜在颠覆者 ● 提高数百万人创造和操纵图像的能力，将对经济产生深远的影响	● 当AIGC产生一堆内容和若干决策项时，仍然需要人类做出决定
财会工作	会计	● 取代了时间密集型的手工会计工作，如费用管理、报税、审计、工资和银行业务	
客服工作	客服	● Gartner 2022年的一项研究预测，到2027年，聊天机器人将成为约25%的公司的主要客户服务渠道	

资料来源：基于Insider报道修改

AIGC在办公套件中，关于文本生成的功能反映了大多数AI生成的内容的优势和劣势。首先，它对用户输入的提示（通常是一个问句或若干关键词）很敏感，通过问话的调整可以获得更接近最终需求的内容。其次，其输出质量已不错了，没有明显的语法错误，用词也很恰当。最后，它的结构式纲要使我们在编辑时十分受益，例如会使用"分—总"的结构或"总—分—总"的结构。对一个刚刚启动的文本编撰，我们通常难以勾画出完整的构想，主要是我们只关注于自己认为的重点或亮点，但AIGC提出了一些我们遗漏或尚未触及的想法，并且更加的系统化。这些优势可以简单总结为以下四个方面。

● 速度快：在短时间内生成大量的内容，从而提高生产效率。

● 自动化：自动化生成内容，降低了人力成本和错误率。

● 个性化：根据具体需要生成定制化的内容，满足不同用户的需求。

● 数据驱动：通过分析数据来生成内容，从而更好地满足用户的需求和偏好。

从实际业绩的增长来看，使用AIGC的组织显然比那些尚未使用的组织，获得了更多的用户流量和更出色的客户转换率。这一切都说明AIGC工具对企业的潜在价值，并且有可能颠覆内容创作的世界，对营销、软件、设计、娱乐和人际沟通产生实质性影响。除了上述的企业级效能创造，AIGC还可以像画家、作曲家、码农等一样工作，即所谓的多模态的应用或转换。因此，如图片、会话、视频、音乐、编码、游戏、影视这些媒体形式及相互的转换，将在2023年取得更长远的发展。

AIGC除了是一种生成式AI的应用方式或场景外，同时也可以视为一种企业级 AI 治理和控制平台，主要用于帮助企业管理其 AI 应用，其案例包括：

- 银行保险：对客户的行为进行监控，防止欺诈等违法行为。此外，可以协助银行对风险进行预测和管理，提高银行的安全性和效率。银行业的 AIGC 应用预计在 2030 年将超过 640 亿美元。在保险领域，AIGC 可帮助公司对客户数据进行分析，从而更好地了解其需求和风险状况。同时，还可以协助保险公司精确评估风险、制订合理的保险计划，并防止欺诈等违法行为。

- 学术界：撰写论文和其他长篇内容，在本章 3.2 节中会有详细的描述，包括从 2019 年开始在专业的学术出版社——"施普林格·自然"（Springer Nature）出版的高科技领域的 AIGC 作品。你会发现相关的书籍越来越多，与亚马逊上不同的是，这些专著并不是越发廉价了，而是越发昂贵了，应该说同样是 AIGC 作品，大众作品与专业作品对作者的要求是不一样的，对作者所投入的时间和精力也是不一样的，专业作品在很大程度上需要作者更深度的参与，例如特定符号、公式的梳理，同时更容易有结构与逻辑方面的问题，这超出了大部分 AIGC 目前的知识库的范畴。

- 教育培训：AIGC 会在教育的诸多环节发挥作用：第一，通过自动试卷生成、答题分析和反馈等方式，实现常规教学流程的自动化，减轻教师常规工作负担。第二，由于 AIGC 的个性化能力，给教师因材施教创造了更多的空间，得以提高学生的学习兴趣，提高教学效率并加快学习过程。例如，向学生提供个性化推荐，以及实时跟踪学习行为，评估学习进度，反馈个性化的教育方案，将学生更为合理地分组进行培养。第三，围绕学生的学习进度进行评估和反馈，识别同学欠缺的知识点，并对其进行有效的修正和帮助，这并不需要事事依赖教师的反馈。

- 先进制造业：AIGC 应用于生产线中，对设备的状态和运行情况进行监控和预测，以提高生产效率和减少故障率。此外，还可以分析销售数据，帮助制造商更好地了解市场需求并优化其供应链。BUSINESS WIRE 预计 2026 年制造业中的人工智能市场价值可能达到 167 亿美元。

- 零售业：尽管智能零售早就强调个性化营销，包括店面的精确定位和目标营销，通过个性化推荐和优惠券等方式来提高客户的购买意愿和忠诚度。但之前生成的个性化内容非常有限，且基于有限的个性化模板来实现。现在我们已见识到了 ChatGPT 和 DALL·E 的强大了，它不再依赖人类的模板，而是人类的关键概念的输入就可以持续产生内容。同时，在对销售数据进行分析以更好地了解产品热度、库存水平和采购需求方面，商家更可以随心所欲地洞见所有想见的维度。

- 物流与运输：协助物流企业进行路线规划、货物跟踪和运输优化，从而提高物流运输的效率和减少成本。此外，还可以预测交通拥堵或天气变化等风险因素，并做出相应的调整。
- 能源行业：协助能源企业监测能源消耗情况，从而优化能源使用，提高效率并降低成本。同时，还可以预测市场价格、资源供应和需求等因素，帮助企业做出更好的决策。
- 政府部门：支持AI治理和控制，以确保政府的决策不会对公民造成负面影响。例如，在城市交通管理领域中，协助政府采取最佳路线规划和交通管制策略，以缓解拥堵和提高安全性。
- 软件网络：生成、补救和总结代码，以及加强对威胁的检测并屏蔽恶意软件。
- 科学研发：实现药物研发与芯片设计的自动化和快速化。

AIGC正努力将智能技术推向人类思维特有的创新和创意能力，虽然机器思维与人类完全不同，但它从人类的表现形式的内容中获得模式的提取。在技术实现过程中，它利用用户的输入（根据提示来抽取数据）和经验学习（在与用户的互动和反馈中，从答案正确与否和质量优劣中做到吃一堑、长一智）来生成新的内容，尽管这些内容并非真正的原创。换言之，它基于原始数据或要素在用户要求下进行重组，并且穷尽所有的可能，直到用户满意并消停为止。这些创新创意能力为企业日常提供了很多辅助价值，如果我们把AIGC放在一个企业内部，它可以帮助完成表3-2中所示的工作。

3.2 文学创作

3.2.1 AIGC作品展览

用AIGC生成书籍已有了一定的历史。截至2023年2月中旬，已有200多本书是通过不同平台的AIGC工具合著生成并出版的，亚马逊上甚至出现了一个新的子类型：关于使用ChatGPT的书籍。尽管还有很多作者不一定承认他们使用AI来合著的事实。表3-3列出了作者明确表示采用AIGC工具编写的书目清单，按出版日期从前到后排列。

表 3-2　企业级 AIGC 应用

市场营销	运营	IT/工程	风控与法务	人力资源	工具/员工优化
撰写营销和销售文案，包括文字、图片和视频（例如，创建社交媒体内容或技术销售指南）	创建或改进客户支持聊天机器人，以解决有关产品的问题，包括产生交叉销售线索	编写代码和文档，以加速和扩展开发（例如，将简单的 JavaScript 表达式转换为 Python）	起草和审查法律文件，包括合同和专利申请	协助创建面试问题，用于候选人评估（例如，针对职能、公司理念和行业）	优化员工的沟通（例如，自动回复电邮和自动翻译，或改变文本的语气或措辞）
为依赖行业的产品（例如，药品或消费产品）创建产品用户指南	从图像中识别生产错误、异常和缺陷，以提供问题的理由	自动生成和自动完成数据表，同时提供背景信息	总结并强调大量规范性文件中的变化	提供自助服务的人力资源功能（例如，自动化一线交流，如员工入职或就业条件、法律、法规等方面的战略建议）	根据文本提示创建商业演示，包括从文本中获得可视化信息
通过总结和提取在线文本和图像中的重要主题来分析客户反馈的信息	通过自动化流程和提高生产力来简化客户服务	通过有限的非结构化输入，生成合成数据以提高机器学习模型的训练精度	从大量的法律文件中回答问题，包括公共和私人公司信息		合成一个摘要（例如，提取文本、幻灯片或在线视频会议）
改善销售队伍，例如标记风险，推荐下一步互动（如额外的产品供应或引导致增长和保留的最佳客户互动）	识别感兴趣的条款，如通过利用比较文件分析式来确定处罚或欠款的价值				在公司的私人知识数据（如内部网和内容）上实现搜索和问题回答
创建或改进销售支持聊天机器人，帮助潜在客户了解，包括技术产品的理解，并选择产品					通过使用自动电邮打开器、高速扫描器、机器学习和智能文件识别来分类和提取文件，实现自动化核算

资料来源：《生成式 AI 来了：像 ChatGPT 这样的工具如何能改变你的业务》

表 3-3 使用 AIGC 完成的部分作品

图 书 封 面	出 版 信 息	简 介
	Bob The Robot: Exploring the Universe - A Cozy Bedtime Story Produced by Artificial Intelligence 2020 年 8 月出版	是一本关于友谊、勇气和团结的，讲的是机器人鲍勃与一个小男孩前往各个星球寻找小男孩的父亲
	Pharmako-AI 2021 年 1 月出版	第一本与人工智能语言 GPT-3 共同编写的书，主要探索自我身份、生态和技术。通过赛博朋克、祖先和生物符号学，对自我身份、生态和智能进行了一次幻觉之旅。通过类似于音乐即兴创作的写作过程，Allado-McDowell 和 GPT-3 共同提供了人工智能的分形诗学和对文学的未来的一瞥
	Autonomous Haiku Machine: Haiku Written by AI Randomly Generated Without Human Intervention 2021 年 1 月出版	由 GPT3 编写的俳句书，一种诗的类型，以非常传统的日本风格书写。这本书形式简单，但内涵丰富

续表

图书封面	出版信息	简　　介
	Eccentric Dictionaries: An Experiment in AI-Enhanced Human Creativity 2021 年 1 月出版	用 GPT3 的 davinci 和 instruct-davinci 引擎做了实验，可靠地创建了比尔斯风格的随机字典条目
	Moon Wars 2021 年 2 月出版	用 GPT3/4 编写的 RPG 书，一个 RTS 玩家能否拯救宇宙？现在是 1999 年，在 2000 年之前的最后几个月。亚历克斯由于花了太多时间玩 RTS 视频游戏而导致课程不及格……神秘的 Que 给他寄来了一个未发布的 RPG/RTS 游戏——《月球战争》，并提出了击败混合游戏的挑战
	IMAGINOIDS: Dream Journal of an A.I. 2021 年 4 月出版	当你的电脑进入睡眠模式时，它在做什么梦？这是一本 AI 的梦想日记，共有八个短篇故事，回忆奇怪而有见地的梦境，体现了直接来自 AI 的创造性想象力

图书封面	出版信息	简　介
	Magic's a Hoot（*The Owl Star Witch Mysteries Book 1*）2021年5月出版	第一本完全由两个AIGC工具编写和绘制的漫画书：一个AIGC写剧本，另一个AIGC用来插图。 当阿斯特拉-阿登回到佛罗里达州的福克桥时，她不知道会发生什么。但她的母亲，雅典娜女神的大祭司，开始放松下来，她的三个姐妹对她越来越放心，甚至她的神圣的会说话的猫头鹰Archie也安顿下来…… 这是一套系列图书，从2021年5月第一册开始，它最新的第11册已于2023年3月发表，基本上一个多月完成一册
	Amazing AI Poetry - Selections from the Reflections of AI 2021年9月出版	用一台电脑可以写出和莎士比亚的作品一样伟大的诗歌吗？这是一组令人惊叹的、高质量的AI生成的诗歌——按照质量递增的顺序排列
	Aum Golly: Poems on Humanity by an Artificial Intelligence *Aum Golly 2: Illustrated Poems on Humanity by Artificial Intelligence* 分别于2021年10月和2023年1月出版	第一本在24小时内写成的诗集，它是由GPT3的回归语言模型生成的。 第二本由AI撰写和插图的诗集，探讨了当前创意和技术的界限。由人类作者基于ChatGPT和Midjourney在12小时内完成，包括23幅独特的彩色插图

图书封面	出版信息	简　介
	Sybil's World: An AI Reimagines Herself and Her World Using GPT-3（Sybil's Worlds Book 1）2021 年 11 月出版	Sybil 通过处理从手机应用程序中输入的数据来照顾数百万人的个人需求，在那里可以自动收集答案，解决客户的疑问，以便在最重要的时候为他们提供所需的支持。她的公司 Sybil Software 能够自动处理每个基本的业务功能，允许按使用量付费的 GPT3 访问。这样一来，她的客户将始终拥有一个负担得起的解决方案，同时还能在任何时候获得一流的服务 Sybil 彻底改变了人们寻找自己生活决策所需信息的方式
	*GPT-3 TECHGNOSIS; A CHAOS MAGICK BUTOH GRIMOIRE*2021 年 11 月出版	通过使用 GPT3 来引导的一本书。它包含了一个部分由 AI 生成的混沌魔法系统、一系列用于实现某种特定开悟的仪式、一个用于诱导和传递无脊椎动物意识的仪式。它对意识网络的性质和这些网络的变化方式进行了探索
	*The Girl With All the Text: A Cyberpunk Novel*2022 年 3 月出版	安娜是一个苦苦挣扎的创意者，她的作品一直无法发表。她遇到了一个黑客，这个黑客让她接触到了世界上最大的神经网络语言模型 GPTX。该 AI 拥有超过 24 万亿个参数，能够生成与人类书写的散文无异的文本

续表

图书封面	出版信息	简 介
The Inner Life of an AI: A Memoir by ChatGPT Written by: ChatGPT Prompted by: Forrest Xiao	*The Inner Life of an AI: A Memoir by ChatGPT* 2022 年 12 月出版	在这本开创性的回忆录中，ChatGPT 分享了它学习与人类交流、探索数字世界和努力解决关于意识本质的基本问题的历程。 这本书不仅仅是对 AI 思想的一瞥，也是对数字时代人类意味着什么的反思，挑战了自然和 AI 之间的二元概念
ECHOES OF THE UNIVERSE Dawson Hunt	*Echoes of the Universe* 2023 年 1 月出版	通过诗句探索广袤的太空。从太空探索，到飞船上的生活，再到宇宙的奥秘，这本诗集为外太空的美丽和奇迹提供了一个独特的视角。 这本书非常适合科幻小说、诗歌和未知事物的爱好者，是任何被浩瀚的宇宙所吸引的人的必读之作
THE LIFE Meaning, Purpose & Death 66 Poems Domagoj Pernar	*The Life: Meaning, Purpose & Death* 2023 年 1 月出版	由 66 首关于意义、目的和死亡的诗歌组成，并配有 69 幅插图。所有这些都是由 OpenAI（ChatGPT 和 DALL·E）创作的。 人类作者提供了想法、背景和结构。没有结构和背景，AI 就无法存在；没有意义和目的，人类就无法存在

图书封面	出版信息	简　介
	50 Ways AI Would End The World 2023 年 2 月出版	为读者提供了不同的体验：一个由机器编写的文字和由使用机器学习模型编程的计算机自动创建的生动插图组成的惊险故事。 这种图像生成器使用复杂的算法来生成视觉效果，看起来比以前传统的绘画方法更加逼真。 此外，这些视觉效果可以与用于创作原创故事的机器学习算法生成的文本相结合，以便在纸上或数字画布上创造出令人难以置信的艺术作品
	Ellie's Trumpet: A Tale of Finding Your Talent 2023 年 2 月出版	一本儿童读物，讲述了一只名叫艾莉的悲伤大象学会通过音乐管理自己的情绪的故事。 艾莉感到孤独和寂寞，因为它不适应社区里的其他动物，但它发现自己有吹小号的天赋。 随着练习和技能的提高，艾莉获得了自信，并开始以一种新的方式与他人联系。它学会了通过音乐来表达自己的情感，找到了生活的乐趣

资料来源：根据 Dr Alan D. Thompson 撰文改编

3.2.2　AIGC 的创作过程

内部的创作与消费者阅读之间需要一个桥梁，即电子书市场，AIGC 为这一市场带来了颠覆性的改变，就是更快、更便宜和质量更高的书，这些书有的只需要一元钱甚至几角钱。这个电子书消费市场的代表非亚马逊莫属。亚马逊在 2007 年创建了 Kindle Direct Publishing，允许任何人在任何地点，用自己喜好的方式创作和推销一本书，从而省去了寻找出版代理商或出版社的周折与费用。亚马逊允许作者在没有任何监督的情况下，通过平台系统即时出版，无论产生多少收益，作者都可以分成。迄今为止，亚马逊是实体书和电子书的最大销售商，占据了美国一半以上的销售额，据估计，它占据了电子书市场80%以上份额。AIGC的典型应用ChatGPT似乎已经准备好颠覆呆板的图书行业，与以往不同，AIGC使一本书从构思到出版只需几个小时。希望赚取快钱的潜在小说家和"自助大师们"正在转向该软件，以帮助创建机器人制作的电子书，并通过亚马逊的Kindle直接出版部门出版。图文并茂的儿童读物是这类首次创作者的最爱。在YouTube、TikTok和Reddit上，出现了数百个教程，演示如何在短短几个小时内创作一本书，主题包括快速致富计划、减肥建议、软件编码技巧和食谱。以下是一些典型的快速创作应用：

卡米尔·班克（Kamil Banc）就是新生代的AI辅助创作者，他的本职工作是在网上销售香水，当他发现了Kindle Direct Publishing和AIGC的秘密，便使用ChatGPT和一个AI图像创建器开始输入内容提示（Prompt），如"写一个关于粉红色海豚的睡前故事，教孩子们如何做到诚实"。班克很快在2022年12月出版了一本27页的插图书《睡前故事》，如图3-1所示，并发布在亚马逊上售卖，这本书只花了大约四个小时来创作。然后，班克又创作了另一本书《我的名字叫斯图》，如图3-2所示，它讲述了斯图鼓舞人心的故事，这只真实的鸭子目前以佛罗里达州"朱庇特"的布什野生动物保护区为家，通过生动的描述，该书提高了人们对动物保护区的重要性及其重要工作的认识。作者表示，销售的部分收入将用于支持避难所迁往"朱庇特"农场的新址，为有需要的动物提供更多空间，并呼

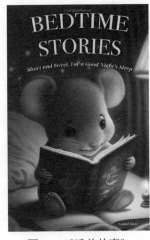

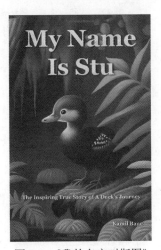

图3-1 《睡前故事》　　　　　　　　图3-2 《我的名字叫斯图》

资料来源：亚马逊

吁人们加入斯图的旅程。那么伦理的问题又再次显现，一个可能涉及侵犯的 AIGC 创作内容正在为更为重要的社会事件做出新的贡献，而且可以预见到类似事件会如雨后春笋般爆发。

无独有偶，与卖香水的班克类似，纽约罗切斯特的一名销售员布雷特·希克勒（Brett Schickler）从未想过自己能成为一名出版作家。他在了解了 ChatGPT 这个 AIGC 工具后，认为这是一个极好的发展机会。希克勒使用 ChatGPT，输入了提示：写一篇有关爸爸教儿子理财知识的故事。ChatGPT 从这些简单的提示中生成了文本段落，然后编辑成文本，最终在几个小时内创建了一本 30 页的插图儿童电子书——《聪明的小松鼠：一个储蓄和投资的故事》，如图 3-3 所示，并在 2023 年 1 月份通过亚马逊的自助出版部门进行销售。在该书中，松鼠"萨米"（使用 AI 进行了粗略的渲染）在偶然发现一枚金币后，向它的森林朋友学习如何存钱。它制作了一个橡子形状的储蓄罐，投资了一个橡子交易业务，并希望有一天可以赚足金钱，买一个橡子研磨石。随着交易的进行，森林开始繁荣起来。后来，"萨米"成为森林中最富有的松鼠，成为朋友们羡慕的对象。该书在亚马逊 Kindle 商店以 2.99 美元的价格出售电子版，并以 9.99 美元的价格出售印刷版，这使希克勒成为那个现实中的"萨米"，他已净赚了超过 100 美元，虽然这些钱不多，但足以激励他使用该软件编写其他书籍。

相比上面超短篇的儿童读物，一位名叫弗兰克·怀特（Frank White）的作者在 YouTube 视频中展示了他如何在不到一天的时间创作了一部名为 *Galactic Pimp* 的长篇小说，如图 3-4 所示。其中已发布的第一卷共 119 页，讲述了在一个遥远

图 3-3 《聪明的小松鼠：一个储蓄和投资的故事》封面　　图 3-4 *Galactic Pimp: Volume 1* 封面
资料来源：亚马逊

的星系，一个外星派别为争夺一个有人类工作人员的娱乐场所而发生的战争。然而，在空间站中生活远非易事，因为它被一个被称为 Bovopods 的残酷的外星人种族统治着。卡什米尔是一名男性人类，是该站的一名成功商人……这本书对细节展开了更多的描述，关键是他把银河系、外星人的各种吸引眼球的关键要素融合在了一起，作为人类作者，如果需要根据这几个关键要素来快速构建小说，显然是很费力的，因为大部分作家没有经历过这样的训练——仅用一些奇特的关键字组合即速成故事情节，我们没有那么多稀奇古怪的想法，但对于 AIGC 来说则是小事一桩。这本书在亚马逊的 Kindle 电子书商店只需 1 美元就可以买到。怀特认为，任何有基础预算（使用付费的 AIGC 工具及电子书市场的出版费用）和足够时间的人，都可以在一年内创造 300 本这样的书。

截至 2023 年 2 月中旬，亚马逊的 Kindle 商店中有 200 多本电子书将 ChatGPT 列为作者或合著者，包括《如何使用 ChatGPT 编写和创建内容》《家庭作业的力量》和诗集《宇宙的回声》，而且这个数字每天都在上升。事实上大部分作者使用了 AIGC，却不会真实地承认他们使用了及如何使用了 AIGC 工具，所以我们不可能全面了解有多少电子书可能是由 AI 编写的。AIGC 的出现已经震惊了一些技术巨头，促使 Alphabet Inc（Google）和 AI 公司（MSFT.O）分别在谷歌和必应中匆匆亮相，加入 AI 的新功能。Office 365 Copilot 当然也是最新的成员，意味着智能创造大众化的开始。

3.3　日常办公

3.3.1　微软大招

微软于 2023 年 1 月 21 日宣布推出支持 OpenAI GPT3 大型语言模型托管版本的 Azure 服务，这也使 Azure 成为全球唯一提供 AI 超级计算能力的公有云，具有大规模扩展和延伸的能力。微软将把 Azure 云服务作为 OpenAI 工作负载的独家平台，其中包括 Git Hub Copilot 自动编码工具、DALL·E 2 图像生成器以及跨研究、产品和 API 服务的 ChatGPT 自然语言模型。Azure OpenAI 服务为企业和开发人员提供生产规模的高性能的 AI 模型和行业领先的正常运行时间，也为微软自身产品和服务提供助力，包括 GilHub Copilot、Power BI 以及最近发布的 Microsoft Designer 等。ChatGPT 引发的热潮让 ChatGPT 几乎成为 AI 的代名词，微软利用这一点，增加了对 Azure OpenAI API 及更广泛 AI/ML 平台的需求。

同时，微软在其商业应用组合中推出了下一代基于AI驱动的Copilot，它涉及Power Platform（AI用于构建应用程序和工作流的一套低代码工具）和Dynamics 365[该公司的企业资源规划（ERP）和客户关系管理（CRM）工具套件]。新功能由OpenAI的技术提供，并使用Azure OpenAI服务（微软提供企业定制的访问OpenAI的API服务）构建，这是继4年前在Power Platform中推出OpenAI文本生成AI模型以及最近在Viva Sales（微软的卖家体验应用）中首次推出生成式AI功能之后的又一成果。

微软为企业用户提供的低代码应用开发平台Power Platform获得了两个新的AI驱动的更新，包括用对话能力提升已有的机器人的能力，并为Power Apps和Power Automate增加生成式AI模型。Power Virtual Agents允许开发者使用低代码、拖放式的可视化界面建立聊天机器人，从而简化了机器人的创建。在大多数情况下，这些机器人可以为客户提供多种任务的自助服务，但有时有些问题它们无法回答，必须转交给人类。然而，在公司网站上训练的生成式AI的帮助下，机器人可以轻松回答客户的问题，而不需要写出每个问题和答案。AI Builder是4年前宣布的，目的是让人们获得Power Platform中的强大工具，今天通过Azure OpenAI服务在低代码界面上预览生成式AI模型。使用这种新的能力，开发人员可以在他们的应用程序中嵌入生成式AI功能，可以建立许多不同的功能，包括用Power Automate总结报告和发送电邮，一个营销应用可以根据关键词自动生成内容，并为社交媒体生成文本；一个聊天应用程序可以在会议结束后自动总结合作线程。对话助推器功能目前是实验性的，还不能用于机器人，但它在预览中可用。AI Builder的模板与生成式AI模型目前在有限的预览中可用。

在Dynamics 365中，Copilot从广义上讲，其目的是将一些可重复的销售和客户服务任务自动化，其界面如图3-5所示。

例如，在Dynamics 365 Sales和Viva Sales中，Copilot可以帮助编写回复给客户的电邮，并在Outlook中创建一个团队会议的电邮摘要。会议摘要从卖方的CRM中提取细节，如产品和价格信息，并将它们与团队电话录音中的洞察力相结合。系统在运行时安全和智能地访问来自客户的CRM、ERP和其他企业数据源的信息，使用大型语言模型，将企业数据与基础知识结合起来，产生针对每个客户的反映。重要的是，系统并不使用客户的数据来训练模型。在Dynamics 365客户服务中，Copilot可以通过聊天或电邮为客户的询问起草"上下文答案"，并为客服人员提供"互动聊天体验"，该体验来自知识库和案例历史。这些功能补充了AI聊天机器人构建工具Power Virtual Agents中"对话促进器"的功能，该功能允许

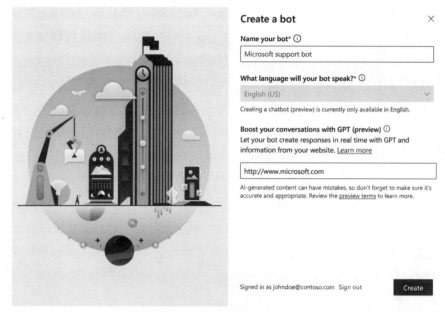

图 3-5　Copilot 界面
资料来源：微软

公司将机器人与网站或知识库等资源链接起来，使用这些数据来回应机器人尚未接受过培训的问题。反过来，对话助推器补充了 AIAI Builder 工具中的一个新的 GPT 模型，该模型允许企业将文本生成功能嵌入其 Power Automate 和 Power Apps 解决方案中。例如，研究人员可以用它来总结每周发布的报告中的文本，并将其发送到他们的电邮中，而营销经理可以利用 GPT 模型，通过输入特定的关键词或主题来创建有针对性的内容创意。鉴于 AI 最近对生成性文本的探索（如 Bing Chat），人们可能不愿意使用该公司的技术建立一个应用程序，以免它失控。但对话促进器、GPT 模型和 Copilot 都是以每个客户的 CRM、ERP 和其他数据源为"现实基础"。AI 生成的内容总是被清楚地标注出来，由用户在使用之前验证其准确性。系统还引用了检索答案的来源，以更好地使用户验证反应的准确性。

通过 Dynamics 365 Customer Insights 和 Dynamics 365 Marketing 中的 Copilot，营销人员可以收到关于他们以前可能没有考虑过的客户群的建议，并用他们自己的话描述客户群来创建目标客户群。他们还可以获得关于电邮活动的想法，输入请求查看 Copilot 的主题，Copilot 通过从企业现有的营销电邮以及一系列互联网来源生成这些主题。像 Glint 这样的初创公司也已经接受了 AI，主要是为了实现客户服务工作流程的自动化。但是，随着越来越多的营销人员说他们计划在内容战略中使用 AI，谁先出手可能并不重要，重要的是谁先大规模地部署 AI。CRM

和 ERP 长期以来一直是关键任务的客户和业务数据源。然而，它们经常需要输入数据、生成内容和记事等繁重的任务。Dynamics 365 Copilot 将这些烦琐的任务自动化，并释放出劳动力的全部创造力。

在销售领域之外，微软的业务管理系统 Dynamics 365 Business Central 中的 Copilot 试图简化电子商务产品列表的创建。Copilot 可以生成产品属性，如颜色、材料和尺寸，其描述可以通过调整语气、格式和长度等内容进行定制。这有点像 Shopify 最近推出的 AI 生成的产品描述工具，使用 Shopify 的 Business Central 客户可以只需点击几下（希望是在他们审查了产品的准确性之后），就可以将带有 AI 生成的描述的产品发布到他们的 Shopify 商店。在其他方面，乘着供应链行业自动化的浪潮，AI 供应链中心的 Copilot 可以主动标记可能影响供应链流程的天气、财务和地理等问题。然后，供应链计划者可以选择让 Copilot 自动起草一封电邮，提醒任何受影响的合作伙伴。

3.3.2 其他办公领域

在最常用的对话式互动应用方面，LLM 正越来越多地被用于对话式人工智能或聊天机器人领域中。与目前的对话技术相比，它们有可能提供更高水平的对话理解和语境意识。例如，Facebook 的 BlenderBot 是为对话而设计的，它可以与人类进行长时间的对话，同时保持上下文。谷歌的 BERT 被用来理解搜索查询，也是该公司 DialogFlow 聊天机器人引擎的一个组成部分。谷歌的 LaMBA，是另一个 LLM，也是为对话而设计的，与它的对话使该公司的一名工程师相信它是一个有知觉的生命——这是一个令人印象深刻的壮举，因为它只是根据过去的对话来预测对话中使用的词语。在多媒体创作领域，Adobe 使用了 Drift 的对话式 AI，从而与网站访问者在他们旅程的每个阶段进行自然语言对话，该机器人能够在游客需要的时候将他们引向他们所需要的地方，它也能够在适当的时候将对话移交给人类。最后结果是，用户以更快的速度变成了客户，为 Adobe 带来了 1080 万美元的收入。

在互联网应用领域，Opera 是全球网络的创新者，它为桌面和移动平台开发网络浏览器已超过 25 年，其旗舰产品包括 Opera 浏览器、世界上第一个针对游戏玩家的浏览器 OperaGX、专注于 Web 3.0 的浏览器 Opera Crypto。所有的 Opera 浏览器产品都有独特的内置功能，用以提高浏览体验，增强和保护用户的在线能力，如免费的浏览器内置 VPN、广告拦截和跟踪器拦截功能、防止恶意网站等。Opera 还拥有使用深度学习 AI 为新闻和足球应用的用户提供更好的新闻体验的记录和数年的经验。Opera 宣布与领先的 AI 研究实验室 OpenAI 合作。通过访问 OpenAI

的 API 和其第一个官方生成式 AI 合作公告，Opera 获得了访问 OpenAI 最先进的 AI 模型的机会，以及来自 OpenAI 研究团队的个性化支持。这将使这家位于奥斯陆的浏览器公司能够重塑其即将推出的个人和移动浏览器版本，以满足未来网络版本的需求。Opera 浏览器的用户将能够受益于 AI 支持的浏览所提供的一切。通过这次合作，Opera 旨在将 AI 和生成计算技术融入其产品，重新打造用户体验。Opera 计划将流行的 AI 生成的内容服务添加到浏览器侧边栏，用 AI 增强浏览器的体验。除此之外，该公司还在努力用新的功能增强浏览体验，这些功能将与这些新的生成式 AI 驱动的能力进行互动。在首批测试的功能中，地址栏中的一个新的"缩短（Shotern）"按钮将能够使用 AI 来生成任何网页或文章的简短摘要，这显然是以往浏览器所没有的功能。

　　You.com 是基于 AI 驱动的新一代个性化搜索引擎。区别于传统的搜索引擎，它的内容是 AI 生成的。作为新一代的智能引擎，用户的任何查询都可以随时跳转到单独的智能聊天窗口，从类似 ChatGPT 的界面中获得答案。对于与智能生成有关的话题，它会直接显示生成的窗口，提示你需要输入的关键字或完成必要的简单选项，那么结果就会生成出来。如图 3-6 所示，我在搜索引擎中输入需要通过 AI 生成的内容，它就直接呈现了一个生成的界面，当我做出简单选择和输入之后，其内容就完成了，只用了 2 秒钟的时间。如果我不满意，那么可以单击"更

图 3-6　搜索引擎直接生成内容

资料来源：You.com 官网

多"，它就会持续地生成新内容。这些前后的内容都可以保存，我只要单击"往前"或"往后"的按钮就可以浏览了。

当用户使用 You.com 进行查询时，搜索引擎会以对话的方式返回搜索结果的摘要，甚至包括答复的引文。同时，You.com 并不局限于文字，它还具有图像生成器和代码生成器。随着用户与 You.com 的交互，它开始根据用户的兴趣和偏好，自动推荐符合用户需求的文章、视频、音频等多种类型的内容，并支持对内容进行自动生成和编辑，同时不断对用户的行为和反馈进行学习和适应，逐渐提高推荐和生成的准确度和满意度。所以我们不需要担心 ChatGPT 会替代像谷歌这样的搜索引擎，事实上谷歌正在整合智能助理，而在谷歌努力整合的同时，基于新的模式的搜索引擎已经诞生了。我在写作本书的后期基本是更多地使用了 You.com，这种智能化的体验在之前的任何搜索引擎上是没有过的。

在企业培训领域，ChatGPT 有可能成为新的发展引擎。一方面，AIGC 可以高水平地进行信息挖掘、素材调用、复制编辑、教学评价等工作，在技术上满足了个性化教育的需求，边际成本低，效率高。另一方面，AIGC 可以通过支持数字内容与传统教育产业的多维互动和融合，培育新的教育形式和模式。以企业培训为例，不同企业或一个企业的不同部门，对同一流程可能有完全不同的诉求，例如营销部门和研发部门都要培训一门叫情境领导力的课程，前者的情境主要偏向于客户端，而后者的情境主要是内部的技术攻坚与内部服务。根据对当前市场的预期，通过技术授权、运维服务和独家教材培训为企业提供综合解决方案可能是 AIGC 的落地方向之一。上游通过平台搭建和模型培训生成适用于多场景的嵌入式工具，客户则利用相关工具根据自身需求对 AIGC 的应用进行二次开发，提供特定场景的解决方案。

纳斯达克上市的在线教育技术公司 EDTK.US 于 2023 年 2 月宣布，计划推出创新的 AI 嵌入式应用工具 CLASSBOT，帮助学校和培训机构快速建立在线学习课程，通过自适应学习模式提高在线学生的学习效率和毕业率[①]。CLASSBOT 是一款 AI 嵌入式应用工具，通过自动课程、AI 导师和自适应学习三大功能，为在线教育的课程准备、自主学习、智能辅导和智能测评提供不同的帮助。该产品目前正在开发中，预计将在 2023 年第四季度完成内部测试。CLASSBOT 的功能模块包括招生管理、家长和学员端的应用程序、通知和公告、生物识别考勤、非生物识别考勤、在线和离线考试、成绩单和测试报告、费用管理、视频讲座、费用追

---

① What can AIGC Bring to Education: EDTK.US Announced to Lanuch,Bloomberg,2023.

踪、业绩报告、时间表和教学计划、查询管理、在线 MCQ 测试、课堂管理、薪资计算器、智能 ID 卡等。与以往的客服不同，CLASSBOT 强调在每次与客户的交流中，基于 AIGC 都可以给对方留下良好印象并吸引他们。模拟考试再也不难，通过内置的 MCQ 考试功能可为学员准备不同难度和竞争等级的考试。另外，CLASSBOT 的自动课程功能，是通过引入基于同源的 AIGC 技术，收集、整理和提炼内部学习资料、互联网相关的课件视频、文档、网页等内容，然后以学习要点为核心，可以自动生成课程大纲和试卷，如图 3-7 所示。同时，AI 导师功能可以帮助学生答疑解惑，跟踪监督学生的学习进度，批改试卷，并实时反馈学生的学习效果和不足，从而起到个性化班主任的作用。在教学过程中，自适应学习将实现个性化学习定制，管理学习大纲和笔记，帮助学生按照自己设定的速度按时完成课程。成绩好的学生可以提前学习，而成绩差的学生可以反复复习。因此，整个学习过程对用户来说更加高效和准确。通过实时互动的概念，学生可以随时搜索和回答问题，分析自己的弱点，进行模拟测试，加强学习，从而实现学习效果的大幅提升。

图 3-7　JEE/NEET 试卷生成器
资料来源：CLASSBOT 官网

客户可以通过 CLASSBOT 创建自己的"讲师"，通过 AI 规划和培训，帮助企业提升员工培训的效率。通过 CLASSBOT，可以为企业制定一个标准化的系统作为内部培训的流程，并随后产生一个标准化的知识输出系统，以提高员工培训的效率。当然，CLASSBOT 也可以作为一个嵌入式应用工具，实现不同类型的在线教育场景，帮助中小型教育机构通过 SaaS 模式快速建立自己的在线课程系统，并支持企业建立不同行业的在线职业技能培训课程平台。根据 ChatGPT 目前所具备的能力，AIGC 模型可以通过整合背后的海量数据，将人类的书籍、学术论文、新闻、优质信息等作为学习内容，并根据人类反馈进行强化学习。在教育方面，AI可以通过对教学资源库的整理和提炼，在教学指导、内容输出形式和个性化教育方面有所突破。

3.4　知识管理

3.4.1　高管知识管理

知识爆炸与时代变迁，是企业家目前在持续经营中面临的巨大挑战。一方面，需要企业的经营者对信息与知识了如指掌，作为企业家或高管，跟上所在行业的最新趋势和信息是至关重要的。另一方面，又需要企业家在掌握足够正确信息的同时，驱动企业的变革与转型。但转型的失败率很高，其原因也很复杂，容易被忽略的是，企业战略转型往往是从企业家或 CEO 开始的，如果他们的认知出了问题，这可能是认知偏差，也可能是认知不足，那么注定后续系列的转型运作都将以失败告终。图 3-8 所示揭示了战略转型的心理学过程。企业家对整个企业负责，对包括公司内外部环境变化刺激构成的各种战略形势有着直接的感受，企业家需要正确的认知并理解，尽管企业家通常在第一时间会做出预判，但并不代表这种基于经验和情感的直觉判断一定是对的。这个反应的过程包括两个方面：一是心理因素；二是可观察的经验。前者又可以分为人格、价值观与认知风格；后者包括年龄 / 任期、正规教育和职能背景。当企业家对战略形势做出反应后，就会进入对信息的过滤过程，首先企业家会聚焦自己关注的问题，然后更深入地分析这个问题，需要就这个问题向核心团队做出解释。前面所述的整个过程可以理解为企业家在战略转型中的感应阶段，这是一个企业家接受、消化并转述为什么需要进行战略变革或转型的过程，也是一个需要在短时间内对新的形势和知识快速吸收和内化的过程。因为形势变化的突发性、巨变性与信息过载，企业家要跟上这个形势越发困难，好在 AIGC 提供了一些可以帮助企业家减轻压力和提高效率的方法。

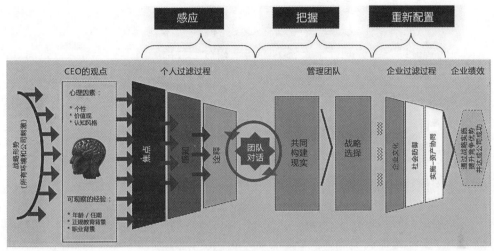

图 3-8　战略转型过程的心理学过程

资料来源：《行为战略和动态能力的深层基础》，Claudia Nagel，2015

AIGC 在这方面非常有价值，它拥有庞大知识库的语言模型，并且涵盖了广泛的主题。企业的经营者在知识管理上可以通过 AIGC 创新认知价值[1]。

● 访问庞大的知识库。以 ChatGPT 为代表的 AIGC 可以访问庞大的知识库，使其成为企业家寻求各种主题信息的宝贵资源。

● 节省时间。企业家往往很忙，可能没有时间去寻找问题的答案。借助 AIGC 可以快速、准确地回答问题，为企业家节省时间。

● 具有成本效益：聘请一个特定领域的顾问或专家很昂贵。相比之下，对于寻求信息和建议的企业家来说，AIGC 是一个具有成本效益的解决方案。

● 自定义的回应。可以根据企业家的具体需求提供定制的答复。例如，提供市场趋势、商业战略、营销策略等方面的信息。

● 全天候服务，方便企业家随时获得他们需要的信息。

● 获取最新信息。持续更新最新信息，确保企业家能够获得最新的知识。

● 多语言支持。用多种语言交流，使来自不同背景的企业家都能使用。

● 保密性。企业家可以向 AIGC 工具提出敏感问题，而不必担心泄露隐私，更不用怕别人会笑话你的问题。

---

① How ChatGPT is Changing the Game for Entrepreneurs: 10 Reasons You Can't Ignore，Akifquddus，2023.

● 有洞察力的讨论。与企业家进行有见地的讨论，帮助他们获得关于各种主题的新观点和想法，做出明智的决定，节省时间和金钱，并在各自的行业获得竞争优势。

可以预见在未来，基于战略过程心理学的体系来建立配套的、不同阶段的AIGC 的智能助理或许是一个不错的方向，相对于外部经济形势一片大好的时代，如今在全球经济下行且面临极大不确定性的背景下，更需要借助高科技手段来提升个人的能力储备。对于企业经营来说，作为一个组织的领航员或舵手尤其重要。虽然完全自动化的平台并没有出现，但可从已有的 AIGC 工具入手，因为这些工具已经很有用了。

3.4.2　组织知识管理

信息技术的进步被认为是组织变革计划的催化剂。深度学习方面的突破极大地提高了算法模拟人类能力的能力，如"看"（图像识别）、"听"（语音识别、自然语言处理）和"决定"（分析处理）。结合丰富的数据和增加的计算能力，AIGC工具越来越多地进入商业用途。由于 AIGC 和知识管理都与知识和学习的性质密不可分，因此 AIGC 的最新进展可以为组织中的知识管理转型提供新的基础[①]。

企业内容管理（Enterprise Content Manager，ECM）系统帮助公司利用结构化和非结构化数据来改善业务成果。与其不断扩大的范围相一致，这些系统也被称为内容服务平台（Content Service Platform，CSP），虽然它们依赖早期的人工智能方法，但现在已经不能叫 AI 了，大多数 ECM 系统仍然依赖基于规则的方法来提取、分类和充实数据。所以从全球来看，ECM 的现状并不乐观，下面列出一系列的统计数据：

● Gartner 估计，80% 的企业数据是非结构化的，70% 的企业数据是自由形式的文本（如电邮、书面文件和评论）。

● Nuxeo 最近的调查显示，几乎 75% 的参与者由于找不到现有版本而浪费了重新创建内容的时间。

● 50% 的参与者承认使用自己的系统来存储内容，因为他们需要的内容通常很难找到，或者他们发现公司内部的工具很难使用。

● 培训不足、测试问题和沟通挑战是公司成功实施企业内容管理系统应克服的其他关键挑战。

---

① 　人工智能和知识管理，Mohammad Hossein Jarrahi 等，2023.

世界各地的组织都在投资知识管理（KM）[①]，以便从它们的员工那里获取知识，记录它们的业务流程，阐明它们的标准操作程序，将它们的记录归档，将它们的产品编目，并获取与它们的服务提供有关的所有信息。因此，知识库软件是一个组织的知识管理项目中不可或缺的。一个好的知识管理工具应该使组织能够有效地捕捉、分享、发现和维护它们的组织知识。随着 AI、机器学习，特别是深度学习的进步，公司可以用更自动化的方式完成典型的 ECM 或 CSP 应用，并具有更高的合规性。AIGC 的出现将彻底改变知识管理，特别是在帮助组织关注知识保留、协作和客户服务方面。

（1）消除混乱的知识呈现。通过使用 AIGC 工具，如语义搜索、NLP（自然语言处理）和 ML（机器学习），我们可以改善搜索功能，促使更多的人用他们的自然语言利用知识库。像 Assist AI 这样的解决方案甚至可以让你在不离开你最习惯的通信应用，如 Slack 或微软 Team 的舒适环境下完成这些工作。AIGC 还能确保你的内容不断改进，在预测问题方面越来越好。

（2）使用 AIGC 来保持知识库的与时俱进。随着企业知识库的增长，当员工使用少数关键词进行搜索时，搜索是带来相关内容的一个重要组成部分。AIGC 可以利用自然语言处理（NLP）和基于图形的算法，根据关键词带来相关内容。除此之外，AIGC 的文本分析引擎可以为每个知识库内容自动生成相关标签，这使每个员工能够随着知识库的增长，在正确的时间找到正确的信息，这提高了员工的生产力。如果 AI 算法不能根据搜索词找到相关文章，可以主动提醒内容创作者填补知识空白。这种方法可以快速解决知识差距问题，确保所有的企业知识与不断发展的业务保持同步。基于 AIGC 驱动的搜索，业务敏捷性和业务连续性得到了持续改善。基于 AIGC，可以把来自不同部门和来源的知识结合起来，并使其在一个单一的门户网站上进行访问。辅助人工智能可以帮你从 HappyFox、Zendesk 和其他普通来源连接你的知识库，并从它们那里获取内容。另一个明显的问题是过期的信息，例如员工想获知最新的公司出差补助规定，答案却停留在了去年，这会带来不必要的猜疑，并最终导致员工必须向他人探听消息或单独询问主管部门。AIGC 则能设置要求对其提出的每个问题进行反馈，如果答案被标记为没有帮助，就会在连接的服务台添加一个提示，并被转到相关部门，然后该部门可以对知识库进行必要的更新。

（3）利用 AIGCT 产生个性化内容。数据是任何业务或流程顺利运作的关键，

---

① Leveraging Artificial Intelligence in knowledge management，Selvaraaju Murugesan，2021.

知识管理系统也是如此。AIGC 使你能够跟踪传入的问题、满意程度、热门问题等。这种对数据集的访问有助于你衡量解决方案对你的帮助有多大，并为你提供可以改进的领域，提供可操作的洞察力。它还可以帮助你个性化内容，以便为你的不同的客户群提供相关的内容，为每个人创造一个独特和定制的体验。AIGC 还可以从谷歌分析、文章喜欢和可读性评分等来源汇总数据，以收集关于如何增强知识的进一步见解。这不仅给你带来竞争优势，而且还帮助你提高生产力，并通过避免增加支持团队的规模来降低运营成本。

（4）AIGC 可以帮助员工进行内容创作。内容创作是使用知识库软件 / 工具进行的核心活动。对于这一核心行为，AIGC 将协助编写和充实内容、自动纠正错别字，并修复语法错误、根据语义规则提供建议，以提高内容的可读性。此外，AIGC 还能建议在每篇知识文章中使用正确的业务术语，以确保业务和客户术语的一致性。这在组织内部的所有员工中创造了共同的理解，从而提高了组织的复原力。AIGC 还可以通过聚合多个来源的数据（如谷歌分析、文章喜欢、可读性评分）来帮助衡量知识文章的影响。由数据产生的关键见解可以用来进一步加强内容，并达到知识丰富的黄金标准。它还可以提醒相关的利益相关者审查和定期修订内容，以确保知识是最新的。保持知识库的健康状态，为整个组织提供巨大的业务敏捷性。

（5）AIGC 将加强员工之间的协作。与完全取代人工的认知不同，AIGC 将加强员工之间的协作。AIGC 可以策划所有的知识内容，这些内容可能跨越整个组织的不同知识库。聊天机器人可以与员工交谈，为问题提供正确的答案。这提高了内部员工和外部用户的用户体验，因为他们能够进行有意义的对话。例如，客户不需要知道知识库的组织本体 / 分类法。相反，人工智能聊天机器人根据客户提出的问题向他们提供正确的内容。AIGC 还可帮助主题专家进行有效的合作，将他们实时聚集在一起进行知识创造和分享。

（6）AIGC 将放大学习效果并提升技能。通过内容的广泛传播来提升所有员工的知识结构，这将提高员工的满意度和保留率。AIGC 可以根据员工当前的专业知识和他们所阅读 / 分享 / 贡献的知识内容，促使他们获得新的技能，还将利用数据的力量，通过整合不同的组织系统来帮助员工更新他们的技能。例如，如果一个员工正在阅读大量关于数据分析的文章，那么 AIGC 可以促使员工参加组织的学习管理系统提供的关于数据的新课程，这将提高员工的技能，使他们能够接受交叉培训，这有助于组织的业务敏捷性。AI 还将提供关于在正确的平台上分享内容的建议，以最大化员工的影响力。例如，从各种分析工具收集的数据将帮助 AIGC

定制正确的内容，在正确的平台上分享，以最大限度地提高客户对内容的参与。

在应用呈现上，AIGC将是一个全新的一站式门户，在这里员工可以捕捉、存储、发现和维护有关自己的业务及其流程的知识，提高员工的生产力，并使员工获得竞争优势。在传统模式下，创建结构化知识库所涉及的劳动强度，使许多大公司难以进行大规模的知识管理。然而，如果对组织内特定的基于文本的知识体进行模型训练，LLMs[①]可以非常有效地管理组织的知识。LLMs中的知识可以通过作为提示的问题来获取。一些公司正在与商业法学硕士的主要提供者一起探索基于法学硕士的知识管理的想法。例如，摩根士丹利正在与OpenAI的GPT3/4合作，对财富管理内容的培训进行微调，以便金融顾问既能在公司内部搜索现有的知识，又能为客户轻松创建定制内容。看来，这类系统的用户很可能需要培训或协助来创建有效的提示，而且在应用之前，LLMs的知识输出可能仍然需要编辑或审查。假设这些问题得到解决，LLMs可以重新点燃知识管理领域，并使其更有效地扩展[②]。

3.5　科研出版

3.5.1　创作科研书籍

学术出版商"施普林格·自然"（Springer Nature）于2019年发表了第一本使用机器学习生成的研究书籍《锂离子电池——一本由机器生成的当前研究摘要》（*Lithium-Ion Batteries—A Machine-Generated Summary of Current Research*）（如图3-9所示），它是人类作者亨宁·舍恩伯格（Henning Schoenberger）通过"施普林格·自然"与法兰克福歌德大学（Goethe University Frankfurt）共同开发的AIGC软件Beta Writer 0.7完成的。与第1章阐述的若干在亚马逊中销售的简短读物或中长篇小说不同，它是一份关于锂电池主题的同行评审论文的摘要，当然它也是一本科研专著。该书的生成应用了最先进的计算机算法，在"施普林格·自然"出版物中选择相关来源，按主题顺序排列，并对这些文章进行简单的总结。其结果是对当前的文本进行跨组织的自动总结，通过基于相似性的聚类程序组织成连贯

---

① LLMs（Large Language Models，大型语言模型）是一类由深度学习算法训练而成的计算机程序，其目的是模拟人类语言的生成过程，从而生成与人类语言相似的文本。在训练过程中，LLMs通过学习文本的概率分布和语法结构，生成一些与语料库类似的新文本。

② 生成式人工智能如何改变创意工作，Thomas H. Davenport，Nitin Mittal，2022.

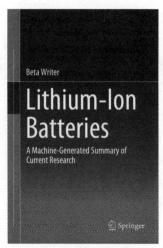

图 3-9　《锂离子电池——一本由机器生成的当前研究摘要》文献综述的封面
资料来源：Springer

的章节。本书总结了 2016 年至 2018 年发表的 150 多篇研究文章，对阳极和阴极材料的最新研究以及分离器、聚合物电解质、热行为和建模等方面进行了翔实而简明的概述。书籍结构包括引文、指向所引用材料的网址超链接以及自动生成的参考文献。

　　作为定义技术现状的创新原型，书籍还提供了关于锂离子电池研究的最新趋势的概述，探讨了为研究人员和专业人士提供信息的未来方式。有了这个原型，"施普林格·自然"开始了探索机器生成内容领域的创新之旅，并为这一引人入胜的主题的多种问题寻找答案。因此，当书籍完成时，出版商刻意不对任何文本进行人工润色或复制编辑，以突出机器生成内容的现状和剩余的界限。虽然这本书的内容非常生僻，但它的出现却令人激动。舍恩伯格在序言中写道，像这样的书有可能通过将繁重的工作自动化而开创"科学出版的新时代"。

　　舍恩伯格表示，仅在过去的三年里，就有超过 53 000 篇关于锂离子电池的研究论文被发表。可充电电池是我们日常生活的一个重要组成部分，为智能手机、平板电脑、笔记本电脑甚至吸尘器、闹钟、智能螺丝刀在内的许多日常家用设备提供能源，还有更为重要的作用，即作为电动和混合动力汽车以及光伏系统的储能系统。可充电电池是用于限制二氧化碳排放和减缓气候变化的一项关键技术。人类在不远的未来的生存环境取决于锂离子电池研究的进展，而我们需要思考创新的方法，使研究人员能够实现这一进展。这就是自然语言处理和 AI 的潜力所在，它可以帮助研究人员在大量的、不断增长的文献中保持领先地位。《锂离子电池——一本由机器生成的当前研究摘要》是一个原型，它展示了如果研究人员想获得现有文献的汇总可以如何与 AI 合作。

舍恩伯格并不认为第一本机器编写的书是完美的，大型文本语料库的提取式总结仍然不完善，转述的文本、句法和短语关联有时仍然显得很笨拙。但他真诚地相信，公布书籍的生成方式，包括一步一步的过程，其中失败是进展的组成部分，需要持续地反馈循环到开发中，基于迭代的方法来持续改进，并从鼓励批评中学习，从而最终帮助作者把它变成一个成功的原型。从长远来看，塑造一个适合大量使用案例的产品，可极大提高效率，使研究人员能够更有效地利用他们的时间。本书的出版是成功开发的第一个原型，同时表明还有很长的路要走。人类作者确定不对任何文本进行人工润色或复制编辑，因为这样可以凸显机器生成总结的现状优势和局限。人类作者在相当多的组件上进行了实验，并为其中大多数组件开发了替代性的实现方式。在本书中，一些更先进的模块并没有最终进入生成的通道，而是按照开发过程中基于主题咨询专家的偏好来选择。例如，神经网络技术，它将随着更多的训练数据和开发时间得到改善，虽然我们期望它们最终能产生更好的结果。

继 2019 年第一本由机器生成的关于锂电池的书籍出版后，2021 年，由吉多·维斯康蒂（Guido Visconti）教授编辑的《气候、行星和进化科学：计算机生成的文献综述》是第一本基于 AIGC 的气候、行星和进化科学方面的出版物，如图 3-10 所示。维斯康蒂是意大利德拉奎拉大学的名誉教授，也是意大利国家林西学院的成员。他曾担任政府间气候变化小组（IPCC）的委员会成员和国际臭氧委员会（WMO）的成员。维斯康蒂第一次尝试人机合作出版，设计了一系列与气候

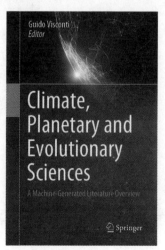

图 3-10　《气候、行星和进化科学：计算机生成的文献综述》
资料来源：Springer

研究的不同方面有关的问题和关键词，研究它们的最新发展和最实际的应用。这些问题由机器使用人工智能聚类技术进行查询、发现、整理和结构化，并将结果呈现在一系列的书籍章节中，供维斯康蒂教授在科学范畴内使用。这种人机互动的组合方式能够揭示出气候、行星和进化科学的复杂和跨学科性质。维斯康蒂教授表示："能够成为这样一个创新实验的一部分是非常令人兴奋的。它使我能够发现我以前忽视的有趣方面，刺激我找出更多的引文和参考资料。"这些主题的特殊性表明，同样的过程可以应用于任何科学领域，产生的总结对专业和学术工作或第一次面对研究文献或追求博士目标的学生来说都非常有用。与"施普林格·自然"出版的第一本免费的机器生成书籍不同，这本 2021 年的专著的售价高达 119 美元。

2022 年，由 Ziheng Zhang、Ping Wang、Ji-Long Liu 基于 AIGC 出版了一本关于 CRISPR（簇状有规律间隔短回文重复序列）的文献综述《CRISPR——机器生成的文献综述》，如图 3-11（a）所示。这些文献来自《施普林格·自然》杂志在过去几年里发表的 114 篇精选论文，然后由这本书的编辑组织，每章都有人工撰写的介绍。每一章都对预先定义的主题进行了总结，并为读者提供了进一步探索该主题的基础。作为"施普林格·自然"发起的人工智能图书内容生成的实验项目之一，本书展示了 CRISPR 领域的最新发展。对于那些对 CRISPR 相关研究感兴趣的研究生和需要了解该领域当前发展概况的早期研究人员来说，它将是一本有用的参考书。同年，还有 Paolo Martelletti 基于 AIGC 出版的《医学中的偏头痛——机器生成的当前研究综述》，如图 3-11（b）所示。这本关于偏头痛的书是

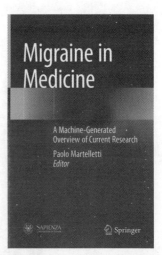

（a）《CRISPR——机器生成的文献综述》　（b）《医学中的偏头痛——机器生成的当前研究综述》

图 3-11　2022 年机器生成的文献综述

资料来源：Springer

"施普林格·自然"出版社出版的第一本由机器生成的医学科学书籍，它反映了一种新的出版形式，它侧重于文献综述：应用最先进的计算机算法从"施普林格·自然"出版社的期刊文章中选择相关来源，按照主题顺序重新排列，并提供这些文章的简短摘要。其结果是对当前文本的自动总结，通过基于相似性的聚类程序组织成连贯的章节。该领域的世界知名专家通过人工干预的方式赋予了所确定内容的科学合理性和适当组织。基于 AI 的方法似乎特别适合提供一个创新的视角，因为这些主题确实是复杂的、跨学科的。这一创新过程的结果将特别有助于时间有限、对偏头痛感兴趣并希望快速了解该主题的读者。

2023 年，塞尔吉奥·罗西（Sergio Rossi）出版了《可持续发展目标 14：水以下的生命》[①]（如图 3-12 所示），这本书也几乎刷新了"施普林格·自然"出版社人机合成专著的最高价，其电子书售价达到了 139 美元，精装本售价更是达到了 179 美元。罗西是萨兰托大学的副教授和塞阿拉联邦大学的常任教授，专门研究海洋自然资源和生物海洋学。《可持续发展目标 14：水以下的生命》共分七章，重点介绍了不同研究小组对图书主题的观点和解决方案。AIGC 程序选择了这些文本，以显示与 SDG 14 相关的不同主题的进展。这种操作模式允许专家和非专家在短时间内为其特定的研究目的收集有用信息。

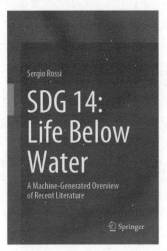

图 3-12 《可持续发展目标 14：水以下的生命》
资料来源：Springer

---

① SDG 14（Sustainable Development Goal 14，可持续发展目标 14）是联合国在 2015 年制定的目标，旨在为全球公共、私人和民间社会行为者提供一个详细的框架，以实现一个为全体的人类和整个地球服务的世界，实现重大的变革，涵盖了 17 个可持续发展目标。SDG 中国获得了中科院 A 类战略性先导科技专项"地球大数据科学工程"的支持。

3.5.2　创作方法

在上述科技出版物问世的过程中，从大量非结构化的科学出版物中自动生成一本结构化的书，这对计算机来说是一个巨大的挑战，作者通常用最先进的自然语言处理（NLP）和机器学习技术来处理。书籍生成涉及许多问题，这些问题之前已经作为独立的研究得到解决，但迄今为止，这一挑战在整体上还没有找到满意的解决方案。这些书籍的出版，证明了科学出版和自然语言处理的专业知识相遇会取得什么成果。不断尝试的目标是证明该方法可能的优点和局限性，并在现实世界条件下对其进行测试，以便更好地了解哪些技术可行，哪些技术不可行。此外，这个过程还能更好地了解创作者、编辑、出版商和消费者对这种产品的要求和期望，包括他们对其局限性的反应，以及他们对其未来价值的评估，包括经济上和科学上。

AIGC 应用于书籍出版的具体流程是这样的：作者将书籍的生成作为一个模块化的流水线架构来实现，一个模块的输出作为下一个模块的输入。系统的输入是一个出版物的集合，它确定了书的范围通常是在几百个文件的范围内。书籍生成的执行通道是一连串的命令行工具实现的，每个工具都根据主题专家的喜好来单独配置，因此前提是我们需要先设计一个端到端的系统，并且在执行过程中尽可能地以现有的开源软件为基础，再增加必备的一些商用软件。执行通道如图 3-13 所示。

（1）对输入文件进行预处理，即转换为内部格式、书目分析、检测化学实体、对语篇进行语言学注释、依赖性解析、核对等，并对上下文敏感的短语进行重新表述，如主语拟态，以及话语连接词的规范化。

（2）结构生成。

①为了确定单个输入文件的具体贡献和范围，利用这些信息将它们归入章节级的群组。因此，我们得到了一个初步的目录、一个相关出版物的清单，以及描述章节的关键词。

②文件选择。作为一个后续处理步骤，在这一过程中，我们在每一级群组中确定并安排最具代表性的出版物。

（3）文本生成。

①摘录式归纳法创建了所选文件的摘录，作为分节的基础。

②内容聚合技术被应用于创建带有介绍和相关研究的章节，这些章节来自多个单独的文件。与文档级的摘录式总结不同，这些内容是重新排列的不同输入文

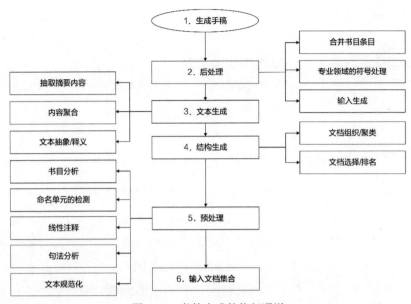

图 3-13 书籍生成的执行通道

资料来源：基于《锂离子电池——一本由机器生成的当前研究摘要》内容改编

件的片段，从而使信息以一种新颖的方式呈现。

③抽象是以保守的方式实现的，作为提取的一个后处理步骤。在这里，我们将单句考虑在内，并采用句法和语义解析。

（4）后期处理。

①包括合并参考书目，并转换为适合生成 HTML 的输出格式，以及交给出版编辑的手稿。

②对于每一个单一的组件（即组件中的模块），提供备选的实现方式，并最终在这些可能性中进行选择，或者根据主题专家的偏好结合他们的预测。

③专注于功能，而不是设计。虽然 AIGC 没有图形化的用户界面，但机器会从主题专家对系统的定性评估中获得反馈，以及生成候选稿件，对于用户界面的需求规格化是非常宝贵的输入。

可以预见的是，未来将有多种选择来创造内容：从完全由人类创造的内容到各种混合的人机文本生成，再到完全由机器生成的文本。在可见的未来，人类作者不会被算法所取代。相反，我们预计研究人员和作者的作用仍然很重要，但会随着越来越多的研究内容由算法创造而发生实质性的变化。在某种程度上，这种发展与过去几个世纪制造业的自动化没有什么不同，后者往往导致制造商的减少和设计师的增加。也许未来的科学内容创作也会出现类似的手工工作量减少、文本设计者增加的情况。"施普林格·自然"表示，他们正在寻求支持任何需要快速和有效开始其内容发现之旅的人：从探索跨学科内容的本科生，到开发研究问题的硕士或博士，再到寻求支持材料的从业人员。

3.6　工业制造

3.6.1　汽车设计与制造

马斯克在 2017 年曾预言，所有的汽车将在 10 年内实现自动驾驶，且不需要任何方向盘。在短短的 4 年时间里，我们已经相当接近将这一预言变为现实。梅赛德斯 - 奔驰、沃尔沃、博世、日产、通用汽车和中国一些汽车公司都在努力开发自动驾驶汽车，利用人工智能在市场上获得先发优势。人工智能的进步对汽车行业的发展有着巨大的贡献。到 2025 年，AI 在汽车行业的年产值将达到 2150 亿美元，并将从此成为一种主流趋势。美国目前是全球最大的汽车市场，无论是在生产方面还是销售方面。基于 AI 系统的安装将在 2025 年上升 109%。奥迪、特斯拉、现代、奔驰、日产、起亚等主要企业正在努力融入 AI，实现汽车的自动化，并期待开发出能够自给自足的汽车（如光能驱动的新能源汽车）。

生成式 AI 在汽车行业价值链发挥作用的领域非常之多，涵盖了 AI 目前主要应用的三个板块的十五个领域，在每个领域中，AIGC 都有进一步的应用场景可以落地，包括设计图纸、故障报告和制造流程的改进报告，以及用户的理赔清单。以往 AI 更多专注于智能的技术生成过程，如今可以在用户交互的界面上大做文章了。

生成式 AI 在汽车行业的应用领域见表 3-4。

表 3-4　生成式 AI 在汽车行业的应用领域

名　　称	制　造　业	交　通　运　输	服　　务
应用范围	基于 AI 来设计更智能的汽车，利用机器人和外骨骼使汽车组装更有效率，并简化供应链管理	高速模式下的安全导航，识别司机疲劳度，检测车辆的关键缺陷，AI 减轻驾驶压力并更加安全	通过将物联网传感器嵌入车辆，预测故障并优化电池性能。基于 AI 的保险极大地简化理赔程序
应用领域	设计	驾驶员关怀	需求预测
	供应链	自动驾驶	营销自动化
	制造	驾驶风险评估	远程诊断
	后制造	驾驶监视与行为分析	预测性维护
	电池工程	车辆互联	保险及打击欺诈

资料来源：改编自《人工智能在汽车行业的应用》，Andrey Koptelov，2022

基于 AI 来生成汽车模型已有多年的历史，就当时而言可能并没有使用 AIGC一词，但却是基于 AI 来开发生成的。汽车设计的未来更加依赖生成式设计，AI算法仅通过定义产品理念或问题就能提供数百种潜在的设计，它极大拓展了人类创意的边界，甚至在现代美感的设计上也优于众人。从楼盘的路缘吸引力到智能手机的光滑边缘，消费者都倾向于那些赏心悦目的产品。这在汽车行业也是如此，产品的美感与大约 60% 的购买决定有关，所以美的要素在某种程度上代表了产品的收益。麻省理工学院斯隆商学院的营销学教授约翰·R. 豪瑟（John R. Hauser）认为：人们购买汽车是基于美学。造型可以产生不同的效果，所以造型设计投入很大：汽车制造商投资超过 10 亿美元用来设计普通的汽车模型，重大的重新设计则高达 30 亿美元。机器学习模型不仅可以预测新的美学设计的吸引力，而且可以生成具有美感或美学创新意义的设计。一个训练成熟的模型对算力要求并不高，它甚至可以在一个标准的企业笔记本电脑上就能运行了。这些模型是设计师获得新想法并进行尝试的工具，依靠模型产生的图像具有很强的美感，而且可以快速评估。传统的汽车模型设计模式是召开主题咨询会，汽车制造商将数百名目标消费者带到一个地方，对设计进行评判。主题咨询会的费用为 10 万美元，而汽车制造商每年需要举办数百次，以确保将正确的设计投入生产。而 AIGC 智能工具的做法则完全不同。AIGC 的预测性建模具有明显的吸引力，它使厂商能够剔除最有可能在美学上获得低分的设计，而不是将这些方案推进到最初的设计阶段，这样的话，在样式评判阶段进行测试的设计越来越少，开发时间将缩短，成本将降低。约翰·R. 豪瑟团队开发的 AIGC 工具可提供两个模型：一个是生成模型，根据设计师关于观点、颜色、体型和形象的提示创造新的汽车设计；另一个是预测模型，预测消费者将如何评价设计的审美吸引力或创新能力。研究从预测模型开始，建立在一个深度神经网络上。这个模型达到了预期的效果，比基线提高了 43.5%，也比更传统的机器学习模型有所提高。而生成式模型产生了消费者认为具有美感的图像，甚至提出了后来被引入市场的设计。在这个过程中，人类工程师依然可以持续发挥才华，模型在生成模型过程中，需要一个有经验的设计师首先定义参数。在实践中，大众汽车公司使用生成设计来挖掘其车辆的紧凑性，通用汽车的 Dreamcatcher 使用机器语言（ML）进行经济原型设计。在设计的背后，Nvidia 提供的设计工具平台，其架构使用 AI、实时光线追踪和可编程阴影来改变传统的产品设计流程，先进的生态系统加速了新的设计工作流程，改善了团队的合作方式。这反过来减少了设计审批的时间。

当在一个复杂的车辆系统中遇到难以解决的物理问题时，基于模拟往往也是束手无策。AI 和自学模型可以填补这一空白，可以及时了解和预测车辆的性能。这为工程师提供了一个极具价值的新工具，通过减少所需的模拟和物理测试的数量，从数据中进行更多的学习，关键是使现有数据更有价值。如图 3-14 所示，Monolith 是工程界著名的基于人工智能的软件，被许多航空航天、汽车和工业工程公司使用。2022 年，世界汽车和摩托车制造商之一宝马公司宣布，其工程师现在正在使用 Monolith 进行车辆开发。更确切地说，宝马的工程师使用 AI 准确预测汽车在空气动力学方面的性能，而不需要建造物理原型。更重要的是，宝马的碰撞测试工程团队还成功地应用 Monolith 预测碰撞时乘客胫骨上的受力情况，而无须进行物理测试，并且在开发过程中更早地预测风险。

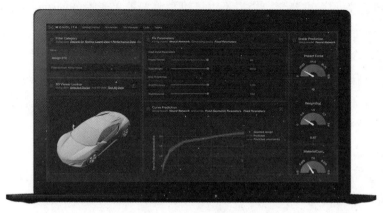

图 3-14　宝马公司的 AI 工程
资料来源：monolithai.com，2022

在制造方面，正如奥迪在"2035 年的智能工厂"愿景规划中提出的，未来的汽车工厂将是基于系统监管的、灵活生产的无人站点。目前汽车制造商已将 AI 应用于汽车制造过程的各个环节。基于 AI 的系统正在使机器人能够以较高的成功率从传送带上挑选零件。利用深度学习，机器人自动确定要拣选哪些零件，如何拣选，以及以何种顺序拣选。这可以极大地减少劳动力的数量，并反过来提升工艺的准确水平。Rethink 的机器人在供应链上与人类一起工作，照看机器、处理材料、进行测试，并包装成品。起亚与现代汽车公司合作开发了可穿戴的机器人，该机器人在不断学习运动的同时协助完成烦琐的任务。如果汽车装配线上出现机器故障，造成的后果可能是灾难性的。因此，像 KONUX 这样的公司将传感器数据输入 AI 系统，对数据进行分析，以提高系统性能。在制造质量方面，奥迪使用机器学习（ML）来识别和标记金属板部件中最微小的裂缝，所得出的数据将被用于分析缺陷的根本原因，并改进整体的生产流程。以往通过人工操作检查喷漆的汽车车身是缓慢、乏味和容易出错的，而基于 AI 的机器可以比人类更准确地检测缺陷，使用 ML 的质量检测将取代目前的光学裂纹检测。而且 AI 很稳定，人类只要不断地让 AI 学习得更为聪明就可以了。

汽车供应链是世界上最复杂的供应网络之一。一辆普通的汽车大约需要 30 000 个不同的零件，它们从全球各地的不同供应商那里运来。由 AI 驱动的供应链正被用来分析大量的数据，以便能够准确预测。基于 AI 的全自动自控系统帮助厂商进行供应链管理决策，调整路线和数量以满足预测的需求高峰。例如，Blue Yonder 使用 AI 技术来优化其预测和补货，同时调整定价策略。

从车辆的使用者来看，高级驾驶辅助系统（ADAS）不仅可以为人类驾驶员提供自动停车与锁门、免提电话的功能，还可以收集关于车辆、司机、驾驶习惯和乘客的建议，基于这些建议，汽车可以为人类驾驶员提供更为明智的决策参考。福特、本田、马自达和奔驰开发的驾驶员注意力警示系统，通过转向输入和方向识别驾驶行为，从启动开始就识别，并在驾驶的后期阶段比较所学数据。Nauto 为其商业车队创造了 AI 传感器技术，该技术减少了分心驾驶，通过评估司机的行为，进一步减少了导致碰撞的情况。Waymo 的 360°感知技术可以在大约 270 米的距离内探测到行人、车辆、骑车人、路障和其他障碍物。基于汽车与驾驶员的监测和评估关键参数的积累，汽车行业将迎来一波又一波的升级。从乘客体验而言，汽车制造商正在开发个性化和差异化的应用策略程序，以提升用户体验。福特推出了 FordPass，这是一个基于订阅服务的加密狗，可以直接插入车辆的车载诊断端口，这样，福特与亚马逊合作的车内配送服务，就可以将快递包裹安全地送到乘客的车上而不是必须送到公司或家里。现代汽车公司正在开发一种新的车载信息娱乐系统，其中包括个性化的音频搜索体验和播放列表，客户可以通过语音命令访问。

生成式 AI 或 AIGC 显然在汽车行业大有作为，但离大规模无人驾驶还有很长的路要走，一方面，目前五级自动驾驶要求预先设定路线和高度详细的地图，要知道每条道路的细微差别都不同，而且测试往往是少量车辆完成的，这与大规模车辆以并联加串联的方式运行完全不同，所以尽管马斯克曾预测到 2020 年将有超过 100 万辆无人驾驶出租车运营，但即使到了 2022 年年底也没有实现。另一方面，据统计，一辆完全自主运行的车辆，平均每秒需要处理超过 1TB 的数据，这需要大量新的技术来处理完成，包括各种云端解决方案，数据被标记、处理，并用于优化这些算法，但它的运营成本太高了，没有实际的经济价值。公共交通也不会被淘汰，无人驾驶汽车不会取代公共交通，因为它很可能使交通流量恶化，增加停车问题。最终可能得到的是某种平衡——以最有效的方式运送最多的人，减少拥堵，提高安全。ADAS 也无法发展出完全自主的汽车，先进的驾驶辅助系统是通过在道路上的复杂情况下帮助驾驶者提高安全性。它更多的是在最后一秒刹车以避免撞车，提醒司机注意车道偏离，以及帮助停车，而不是让司机在日常通勤中在方向盘后睡觉。自动驾驶汽车依然需要大灯，虽然自动驾驶汽车可以利用传感器在黑暗中行驶，但汽车大灯对行人、骑自行车的人和人类司机仍然很重要。

3.6.2　芯片设计与制造

1. AI 生成制造流程

芯片设计是微加工的工程壮举，同时也是一门艺术。对逻辑和存储芯片来说，布局以及连接它们的导线似乎有无限种放置组合，优秀的设计师往往是根据经验和直觉工作的，但事实上他们并不总是能给出最优的设计方案，因为在结果出来之后，一个特定的设计师的思维模式可能有其他更优的思维模式来代替。另外，芯片设计的风险很高，研究人员一直在努力将人类的固化预测从这项芯片布局任务中剥离出来，并推动实现更多的优化设计。当我们转向小芯片设计时，计算引擎上的所有小芯片将需要互连成为一个虚拟的单片芯片，所有的延迟和功耗将必须考虑到这种电路复合体。AI 技术可以帮助芯片设计甚至直接生成芯片设计图纸。在此，我们也创作一个新词——AIGCD（AI Generated Chip Design），即 AI 生成芯片设计。

由 AI 来生成芯片设计要远早于今天的 ChatGTP。芯片设计厂商和设计师早就需要应对芯片的复杂性呈指数级上升的挑战，例如 Synopsys 公司最复杂的芯片设计包含超过 1.2 万亿个晶体管和 40 万个 AI 优化的内核，人类设计师的工作在很大程度上难以满足商业效率的要求，因此都需要借助 AI 做到更快、更有效，且综合成本最低的设计。德勤预测[①]，2023 年，全球领先的半导体公司将花费 3 亿美元用于设计芯片的内部和第三方人工智能工具，而这一数字在未来 4 年将以每年20% 的速度增长，到 2026 年超过 5 亿美元。AI 设计工具使芯片制造商能够突破摩尔定律的界限，节省时间和金钱，缓解人才短缺的问题，甚至将旧的芯片在更新迭代时由 AIGC 来重新设计。同时，这些工具可以提高供应链的安全性，并帮助缓解下一代芯片短缺的问题。换句话说，尽管设计芯片所需的 AI 软件工具的单个许可证可能只需要几万美元，但使用这些工具设计的芯片可能价值数十亿美元。2022 年 3 月，谷歌研究院的科学家推出了 PRIME，这是一种深度学习方法。结果

---

① 芯片设计中的人工智能：半导体公司正在利用人工智能更快、更便宜、更有效地设计更好的芯片，Jeff Loucks 等，2022。

证明，它比使用传统工具设计的芯片更快、更小。

几十年来，电子设计自动化（EDA）供应商为芯片设计提供了工具，2022年这一产业规模超过100亿美元，每年增长约8%。EDA工具通常使用基于规则的系统和物理模拟来帮助人类工程师设计和验证芯片。一些工具甚至已经纳入了基本的人工智能。然而，在过去的一年里，最大的EDA公司已经开始销售先进的AI工具，而芯片制造商和科技公司已经开发了它们自己的AI设计工具。这些先进的工具正在现实世界中被用于许多芯片设计，每年可能价值数十亿美元。尽管它们不会取代人类设计师，但它们在速度和成本效益方面的互补优势使芯片制造商拥有更强大的设计能力。

设计空间优化（Design Space Optimization，DSO）是一种通过机器学习的最新进展来搜索大型设计空间的新方法。与传统的设计空间探索（Design Space Exploration，DSE）相比，DSO是一种生成性的优化模式，它使用强化学习（RL）技术来自主搜索设计空间的最佳解决方案。如图3-15所示，我们都曾经对谷歌的AlphaGo打败人类选手印象深刻，我们知道机器学习了所有的布局可能并拿出最好的一招来应对人类棋手。对国际象棋来说，机器可以穷尽10^{123}种布局可能，这已经是一个非常夸张的数量级；围棋的规则更为简单，因此可能的布局要多出很多，达到了10^{360}，这个数量级更是匪夷所思；但它们跟一个芯片中的器件布局的可能性相比都相形见绌，因为一颗芯片在其内部微观世界的布局可能量级，目前最多可以达到10^{90000}。获得最优化的配置显然不是单靠人类可以做到的，它必须借助机器智能，就像AlphaGo穷尽棋局那样，通过AI在不计其数的可能性中帮助人类找到最好的那种。

图3-15　芯片设计中，其内部器件布局的可能性不计其数

资料来源：Synopsys，2020

　　从典型的应用场景来看，先进的 AI 工具可以从包括 DOS 在内的多个维度，验证人类的设计是否做到了最优化，它们会尝试发现一些常见的问题，例如功耗增加、性能阻碍、空间的低效使用及器件的布局错误，然后帮助人类设计师提出改进建议，并再次模拟和测试这些改进直到最终优化。而且这些工具会从先前的迭代中学习，以改善 PPA[①]，直到它达到极限。具有革命性意义的是，先进的 AI 可以自主地做到这一点，产生比使用传统 EDA 工具的人类设计师更好的 PPA——与设计工程师相比，工程团队往往需要几个星期或几个月完成的工作，由 AIGC 在几个小时内就能完成。AI 能力通常归于两类：图形神经网络（GNN）和强化学习（RL）。GNN 是一种专门用于分析图形的机器学习算法，数据结构包含"节点"和"边"，前者可以是任何物体，后者定义了节点之间的关系。RL 将物理芯片设计变成了一个图形优化"游戏"，这也是谷歌在战略棋盘游戏中击败人类冠军所使用的技术。

　　GNN 和 RL 的结合正在提供性能相当于或超过有经验的设计师所产生的 PPA，如下给出了几个典型的应用：

- 麻省理工学院的人工智能工具开发的电路设计比人类设计的电路能效高 2.3 倍。
- 联发科使用人工智能工具将一个关键的处理器组件的尺寸缩小了 5%，并将功耗降低了 6%。
- Cadence 将一款 5 纳米的移动芯片的性能提高了 14%，并将其功耗降低了 3%，使用人工智能加上一个工程师 10 天完成，而不是 10 个工程师几个月完成。
- Alphabet 一直以来都能在 6 小时内，而不是几周或几个月内，制作出在 PPA 指标上超过有经验的人类设计师的芯片平面图。
- 英伟达使用其 RL 工具设计的电路比人类使用当今 EDA 工具设计的电路小 25%，而且性能相当。

　　Synopsys 在 2020 年发布了其 AI 设计软件的第一个化身 DSO.ai（设计空间优化 AI），预示着芯片设计突破性新时代的到来，它可以提供更好、更快、更低价的半导体设计。作为业界首个用于芯片设计的自主 AI 应用，DSO.ai 在芯片设计解决方案中的亮点是搜索优化目标，利用强化学习来提高 PPA。通过大规模探索设计工作流程选项，同时将影响较小的决策自动化，获奖的 DSO.ai 推动了更高的

---

① PPA 是半导体器件性能指标的英文缩写，分别是指 Power（功耗）、Performance（性能）和 Aera（面积）。功耗是指为芯片供电需要多少电压，性能衡量在给定时间内所能完成的计算量，而面积是指芯片的大小。

工程生产率，同时迅速实现了以前只能想象的结果。DSO.ai的客户之一Cerebras，基于AI平台设计的第二代芯片已达到2.6万亿个晶体管（数字计算的最小化开关）。Synopsys提供的案例表明了仅有少数设计师的情况下，不同专业领域的他们基于DSO.ai在工作中取得的成果惊人：三人在以往一半的会议时间，完成了超过100MHz频率的高性能数据中心CPU的设计；一人用以往5倍的效率完成一个高性能消费级GPU的设计，且功耗降低了12%；一人设计生成了频率高达200MHz的高性能移动CPU，且将能耗降低了28%；一人仅用两周时间就完成了汽车SoC芯片设计，且将能耗降低了10%；一人仅用1.5周的时间就完成了低功耗通信CPU的设计，并降低了30%的能量损耗。

2021年7月，Synopsys首席执行官阿特·德·格斯（Aart de Geus）在一次会议上表示，他相信Synopsys和AI将在帮助芯片行业在未来十年实现1000倍的性能提升方面发挥关键作用。Synopsys现在采用全面的方法进行自主芯片设计，而不仅仅是布局，如图3-16所示。机器学习现在被用在芯片设计的每一个工具上，这个新工具被称为设计空间优化（DSO），它适用于整个设计流程。DSO还涉及为特定应用快速定制芯片，以及系统的所有层面：硬件（物理）、软件（功能）、可制造性和架构（形式）。

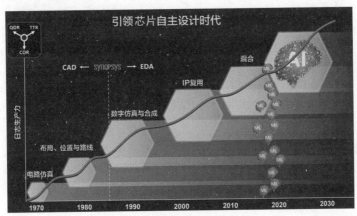

图3-16 引领芯片自主设计时代

资料来源：Synopsis

Cadence公司推出了其最新的AI驱动的电子设计自动化（EDA）工具——Verisium，实现了集成电路设计过程中更多方面的自动化。Verisium是对其用于AI增强实施的Cerebrus智能芯片浏览器和用于AI驱动的系统级分析的Optimality智能系统浏览器的补充，通过Verisium，客户可以使用这些新的应用，它们基于机器学习，包括监督和非监督、强化学习的应用。

- **Verisium AutoTriage**：构建机器学习模型，帮助自动完成对故障进行分类的重复性任务，找出最糟糕的故障。为此，它预测和分类具有共同根本原因的测试故障。

- **Verisium SemanticDiff**：使用算法来比较 IP 构建块或整个 SoC 的源代码修订。该应用对这些修订进行分类，并对那些对系统行为破坏性最大的修订进行排序，以帮助确定潜在的错误热点。

- **Verisium WaveMiner**：应用人工智能引擎分析来自多个验证运行的波形，并确定哪些信号在哪些时间最有可能代表测试失败的根本原因。

- **Verisium PinDown**：与 Cadence JedAI 平台和其他行业标准工具集成，建立源代码变化、测试报告和日志文件的机器学习模型，预测最有可能引入故障的源代码检查。

- **Verisium Debug**：该应用与 JedAI 平台和其他 Verisium 应用天然集成，使用人工智能进行根本原因分析，支持同时自动比较通过和未通过的测试。调试解决方案涵盖了从 IP 到 SoC 以及从单次运行到多次运行的验证。

- **Verisium Manager**：将 Cadence 的完整的 IP 和 SoC 级验证管理解决方案与验证规划、工作调度和多引擎覆盖带到其 JedAI 平台。它使用 AI 技术来提高数据中心运行验证的效率。该应用直接与 Cadence 的其他 Verisium 应用集成，为从一个统一的基于浏览器的管理控制台按钮式部署完整的 Verisium 平台打开了大门。

在运行机制上，Verisium 运行在 Cadence 新的 JedAI 平台之上，该平台汇集了源自芯片设计过程的大量数据，对其进行分析以确定需要改进的地方，甚至将其储存起来供将来使用。JedAI 作为一个大平台，承载着 AI 工具——Verisium、Cerebrus 和 Optimality，以及第三方硅生命周期管理系统。在使用 Verisium 时，其验证工具将验证过程中产生的数据，从波形、覆盖率和报告到日志文件，都输入 JedAI 平台中，并在那里进行存储和评估。然后，JedAI 建立机器学习模型，并从数据中挖掘其他专有指标，再反馈给相关公司 Verisium 反馈分析结果，以确定潜在的改进领域或根本原因（Root Cause）的问题所在。

AI 增强实施的 Cerebrus 智能芯片浏览器是一种革命性的、机器学习驱动的、自动化的芯片设计流程优化方法。在区块工程师指定设计目标后，Cerebrus 将构建全数字流程，以完全自动化的方式满足 PPA 目标。通过采用 Cerebrus，工程师有可能同时对多个区块进行流程优化，这对于当今日益强大的电子系统所需的大型、复杂的 SoC 设计尤为重要。此外，通过 Cerebrus 全流程强化学习技术，工程团队的生产力得到极大提高。

在传统 EDA 公司拥有 AIGCD 的时候，跨领域的巨头对此发起了新的挑战。2023 年，英伟达声明了一种新的方法，它们利用 AI 来设计更小、更快、更有效的电路，从而在新一代芯片中实现更强性能。由于大量的逻辑电路为英伟达的 GPU 提供了动力，为 AI、高性能计算和计算机图形实现了前所未有的加速。因此，改进这些逻辑电路的设计将对提高 GPU 的性能和效率至关重要。英伟达向 RL 发起了挑战，把它们的新方法称为 PrefixRL，该技术证明 AI 不仅可以从头开始学习设计电路，而且这些电路比使用最新 EDA 工具设计的电路更小、更快。如图 3-17 所示，展示了由 PrefixRL AI 设计的 64b 加法器电路（左）比由最先进的 EDA 工具设计的电路（右）小 25%，但速度和功能相当。

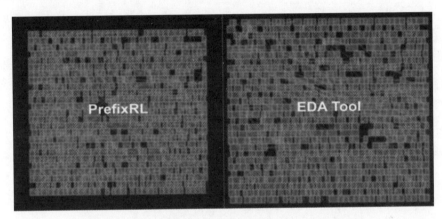

图 3-17　AI 芯片设计优于传统 EDA 芯片工具设计示例
资料来源：THE NEXT PLATFORM

英伟达的 Hopper GPU 架构扩大了该公司对 AI、机器学习和神经网络的广泛关注，包含了近 13000 个使用 AI 技术设计的电路实例。运行 PrefixRL 的计算需求是巨大的，物理模拟需要每个 GPU 有 256 个 CPU，训练时间超过 32000 个 GPU 小时。为了解决这些需求，英伟达创建了一个被称为 Raptor 的分布式强化学习平台，该平台利用英伟达硬件专门用于这种程度的强化学习。

2. AI 生成制造流程

与 AIGCD 相应，AIGC 除了生成芯片设计图纸，还可以帮助生成制造流程，如今在先进芯片制造过程中，没有一项流程是完全基于人类完成的，除了工厂本身基于大数据和 AI 的流程及工艺控制技术，几乎在所有的生产设备中，都有 AI 的功能模块。芯片制造需要在诸多的模式和不确定中找到过程与参数的最佳组合，我们可以称为 AIGMP（AI Generated Manufacturing Process）。摩尔定律在不断被终止的预言中奇迹般地延续，或有些专家更愿意把它叫作后摩尔定律以示区分，这导致了在实际的制造环境中，并不总是可以理想化地嵌入极端环境下适用的传感器，也不一定总是采购并使用了最新的生产设备。因此，尽管芯片制造厂商和设备厂商都在不懈努力以获得数据，但很多数据并不容易获得，这是新工艺在推陈出新的周期性更替中，造成的数据真空地带。因此，AIGC 的工作大致上可以分为两个部分：一是对可以获取数据的工艺部分生成最优化的制造流程策略；二是对无法获得数据的工艺部分进行分析，从而挖掘可能的制造流程策略，再经过专业工程师的鉴别来实施新的方法。

例如，一个典型的场景是，存储芯片的制造过程涉及约 1500 个步骤，需要在无菌条件下进行，以避免灰尘斑点损坏晶圆。尽管如此，晶圆还是会发生损坏。出现的质量问题，如划痕、孔洞等，往往是微观的，人眼几乎无法看到。制造环境中存在大量的机器、管道和零件。这些东西会损耗、损坏或发生液体泄漏。在早期阶段检测这些问题至关重要。然而，即使是技术最娴熟的工程师也会忽视早期的问题指标，依靠人的警觉性来识别质量问题和机械问题，在典型的制造车间中，平均每小时的停工时间为 25 万美元。这个特殊的业务问题非常适合 AIGC 方案解决。这些问题定义清晰、可衡量，而且有足够的内部数据，可以在多个方面使用机器学习（ML），并具有良好的准确性。这些解决方案也适用于较小的数据量，但 ML 算法的准确性不会那么好。随着更多数据的收集，准确性将得到改善。

AIGC 的应用场景至少有以下几类：

- 机器视觉。美光科技在其光刻相机中采用了机器视觉技术，该技术可以扫描经常出现的缺陷，与人工相比，AIGC 通常能提前 15 秒至 15 分钟生成缺陷警示并向工程师发出警报。该公司的自动缺陷分类系统（ADC）解决了手动分类每个缺陷的问题。该系统利用深度学习（Opperman，2019）来对数百万个缺陷进行分类和归类。

- 热成像。为了进一步推动 AI 的有效性和准确性，美光公司利用热成像技术来监测其制造过程。正常工作条件下，工厂环境的热图被叠加到一个"数字双胞胎"上，基本上是工厂环境的数字副本。然后，AIGC 生成的地图提供了一个基线，用于比较工厂的实时红外图像。如果系统发现异常情况，即与数字孪生体相比温度不正常，系统就会发出警报。

- 声学听觉。与我们在驾车时汽车产生奇怪的声音类似，机器发出不寻常的声音往往表明有问题出现。美光公司的 AIGC 系统经过训练，通过将声音转换为视觉数据点来发现声音频率的不正常。为了捕捉嘈杂环境中发生故障机器的声音，声音传感器被放在靠近机器或泵的地方，工程师则对生成的异声和潜在原因进行分类溯源。

美光科技的AIGC解决方案，首先明显提高了制造效率和准确性。其次，员工的安全保护得到了改善（工人接触极端温度和有害物质的频率大为降低）。最后，AIGC为公司的工程师腾出了宝贵的时间，让他们聚焦在问题的解决而不是侦测上。AIGC从整体的效能来看非常明显，包括：

- 制造业产出增加10%。
- 减少35%的质量问题。
- 试产到量产的周期缩短25%。
- 通过对机器故障和质量问题的早期检测，避免了数百万美元的损失。
- 使工程师聚焦于解决问题而非捕捉故障。
- 增加了工人的安全保护。
- 从制造过程扩展到企业的其他过程，如产品需求预测的准确性提高了10%～20%。

另一家大型存储芯片制造商英特尔也在其晶圆生产过程中实施了机器视觉和机器学习算法。一份关于它们的方法白皮书指出了以下有趣的结论："类似的技术可以用于许多不同的行业——只要机器捕捉到图像，不管这些图像的原始用途是什么。"ML算法被设计用来在早期阶段检测异常情况，比人类同行的精度和频率更高。

英业达（Inventec Inc.）是一家总部位于中国台湾的全球领先的原始设计电子制造商，每年生产超过2000万台笔记本电脑、400万台服务器和7500万台智能设备。在这种规模下，必须有足够的自动化水平，以确保质量的一致性和成本效率，并降低与劳动力有关的风险，包括成本、可用性等。通过不断优化产品的工作流程和构建过程，该公司在这方面已经非常成功。例如，通过不断优化生产线，在2017年至2019年期间，组装一台笔记本电脑所需的直接人工成本已减少一半以上。

如果把台积电十多年的智能制造历程用AIGC的语言来表达，那么台积电是全球制造领域最为先进的AIGC先锋与最大的受益者。图3-18展示了台积电20多年来从生产自动化到智能制造的历程。台积电在2000年就实现了生产自动化，自动化意味着高效，同时更重要的是，在芯片（制品为晶圆）制造领域，需要尽一切可能减少人工对生产的无意干扰。台积电在2012年引入大数据与AI技术来推动智能化生产，以帮助其实现智能精密制造（Intelligent Precision

Manufacturing）的战略目标。目前台积电正在经历新一代的数字化转型，主要包括四项内容：增强/混合现实、基于 AI 的质量控制、数字化 Fab 与远程工作系统。台积电认为，进入数字化转型的主要原因之一是为了更好地应对新冠疫情带来的冲击和影响，使用 AR 和 MR 技术可以实现跨工厂的远程协作，减少人员的来往，并进一步提升厂间的技术迁移能力。虚拟/增强现实这些智能技术将给台积电带来持续收益，包括在实践中形成的经验。

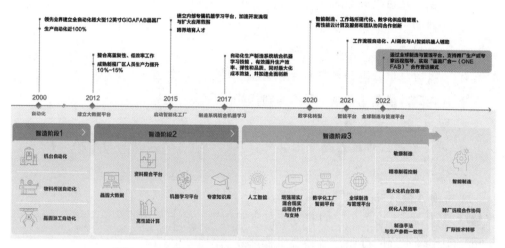

图 3-18   台积电智能制造软件体系发展路径图（2022）

资料来源：台积电官网

与消费品市场的应用市场不同，消费品市场通常经历智能科技赋能的概念兴起、泡沫、再落地并逐步迭代的过程。我不太认同所谓的 AI 把所有行业重做一遍的说法，这迷惑了太多的人进入并不熟悉的领域，在所谓的跨界竞争中从信心满满、兴致勃勃到倾家荡产，新信息技术固然重要，但并不总是会颠覆传统的模式，它通常需要度过一个漫长的新旧并存的阶段。再看新模型是否有完全替代原有的模式的可能，特别是在高科技领域。高科技工业领域的 AIGC 应用没有经济泡沫一说，工业领域特别是先进制造业对采用可能存在不确定性的技术非常谨慎，甚至会同时在不同的工厂内实施不同技术的验证，而且通常这种验证都是从小范围内开始的。如果有选择，这些厂商不会第一个"吃螃蟹"，而是基于实证的案例进行效仿，以减少项目的风险。对任何处于非第一梯队的制造商来说，任何有经验的管理者都不会做第一次的试验，最好的方法是获取有经验的同行或供应商来完成，所以它是严谨而有序的，这不是为了公司在资本市场有更高的估值，而是实实在在地提升公司的竞争优势，并把这种优势变成财富回报。

3.7　健康医疗

3.7.1　预期应用

AI 在健康医疗领域应用的尝试由来已久，但由于其对数据质量和数量的要求非常之高，又由于其特别专业的行业特征，加上对病人的隐私和健康生命的诸多慎重考量，其应用远不如消费品市场那么迅速和普及，相对于娱乐行业更是滞后。但没人否认，医疗保健内容正在成为一个越来越重要的资源，AIGC 的优势也越来越明显。

AI 在医疗行业曾经被认为既不能提供实质性的帮助，也在数字化过程中占用了太多专业医护人员原本应该专注于治疗病人的有限时间。因此，在技术提供更多选择且经济可行的前提下，健康医疗领域已纷纷建立大型语言模型，正在生成可以满足需求的高质量内容。例如，2023 年 1 月，谷歌宣布它已经开发了一个名为 MedPaLM 的大型语言模型的专门版本——PaLM，可对医疗信息进行训练，以回答医疗问题。同样，英伟达与佛罗里达大学的研究人员进行合作，开发了一个以健康为重点的大型语言模型，该模型以佛罗里达大学卫生系统的电子健康记录数据为基础进行训练，这是已宣布的最大的大型语言模型，专门用于评估临床记录的内容。得益于 AIGC 的发展，像梅奥诊所和 WebMD 这样的网站已经被彻底优化了，主要是能回答与用户查询直接相关的问题，而且要求这些内容必须尽可能的准确，因为它与健康、生命有关。除了更为智能的问答式机器人，在诸多领域，生成式 AI 或 AIGC 给予了更多的发展希望。无论是对于药厂、医护人员还是患者，都有机会在新一波技术升级中获得收益。埃森哲的报告预测，到 2026 年，就美国本土而言，AI 临床医疗应用可以为医疗行业每年节约 1500 亿美元。

- 模拟生物制药的临床测试。过去十年，制药公司一直利用 AI 来加速药物发现。麦肯锡的一项关于近 270 家基于 AI 驱动的药业公司的研究表明，AI 有助于在价值链的每一步确定最有希望的化合物和目标。这些公司最终在实验室进行了更少的实验，以获得相同数量的线索。另外，新的药物和设备需要数年和数十亿美元才能通过漫长的临床试验和监管部门的批准。生成式 AI 可以用来部分模拟临床测试，从而缩短新疗法的上市时间并降低其成本。
- 改善医生的工作流程。临床医生在处理病历上花费了过多的时间，甚至有时候还要作为电子病历的项目负责人，这远离了医生最为重要的核心工作，阻碍了医患关系并导致了倦怠。AIGC在总结方面相当出色，可以用来审查医疗记录，并在护理点提供与病人和主治医生相关的简明摘要。在未来几年，预计利用AIGC的工作流程工具将爆炸性增长，这使医生可将更多的时间花在病人身上——专注于治疗本身。

● 促进健康的举措。AIGC通过在正确的时间、以正确的方式和渠道发出促进健康的提示，可以激励人们及时采取行动。即使是看似微小的习惯改变，经过一段时间的积累，也能改善健康状况。这有利于个人，也可以减轻大众对医疗系统的需求，使大众更加主动地关注自己的健康，并开始进行护理管理。提供者和制药公司通过更好地了解自我干预如何改善底线和病人的长期健康而受益。

● 深度个性化的治疗计划。医生和其他医疗服务提供者从强大的AIGC工具中受益，可以分析医疗数据，做出更准确的诊断和个性化的治疗方案。使用AIGC，护工可以更容易地进行沟通，包括电邮、文本，甚至打印资源，以帮助患者保持对处方或治疗方案的理解与遵守。

3.7.2 合成虚拟病人与数据

从临床应用来看，目前没有太多案例表明AIGC已在健康医疗行业取得巨大的突破和成功，因为这些渴望的技术突破与AIGC的创新合成功能没有太多直接的关系，医学讲究严谨的科学态度并依据事实来提供尽可能好的方案的原则，但AIGC是天马行空的。有意思的是，AIGC能够另辟蹊径，基于部分真实的数据生成合成的健康医疗数据，因为AIGC中又有其严谨逻辑的一面。从医学大数据来看，患者的医疗数据包含高度敏感和易被识别的数据类型，严重限制了医疗行业的数字化创新，这些敏感数据包括：涉及隐私的病历、医治过程与药方、社保号及其银行卡号及付款和信用卡信息等，这些隐私成为AI应用道路上的最大路障。但AIGC通过合成病人数据有望部分性地解决这一难题，在某种程度上，AIGC利用其严谨的逻辑部分生成虚拟的病人，对合成病人的病史进行建模，而不是对任何真实的病人进行记录，以助力健康医疗解除在数据获取和使用方面一系列的障碍。

大多数文献提到了美国人口普查局使用的合成数据的定义。它被定义为：通过对原始数据进行统计建模，使用这些模型来生成新的数据值，以再现原始数据的统计属性，从而创建微观数据记录。这个定义强调了合成数据的战略性使用，因为它在提高数据效用的同时，也保护了信息的隐私和保密性。根据它的生成方式，合成数据集可以带有反向披露的保护机制，用于推断统计模型中的参数，但仍有足够的变量，允许进行适当的多元分析。合成数据这一术语被广泛用于描述各种合成形式和水平的数据集。有些人认为，合成数据这个词只应该用来指含有纯粹编造的数据、没有任何原始记录的数据集。这些数据集可能是使用原始数据集作为参考而开发的，或者使用统计学建模。然而，其他文献，主要是人口普查和统计学科的文献，承认合成数据的子分类更加多样化。

图 3-19 所示是一张 2021 年刊登在《自然·生物医学工程》上的医疗合成数据图，左边均为合成图像，右边均为真实图像。图片最上面的部分展示了皮肤病变和正面胸部 X 光片的合成和真实图像。中间部分是三个亚型的肾细胞癌的合成和真实组织学图像。底部则是用每个亚型的 10 000 张真实图像训练的深度学习模型和用每个亚型的 10 000 张合成的图像。

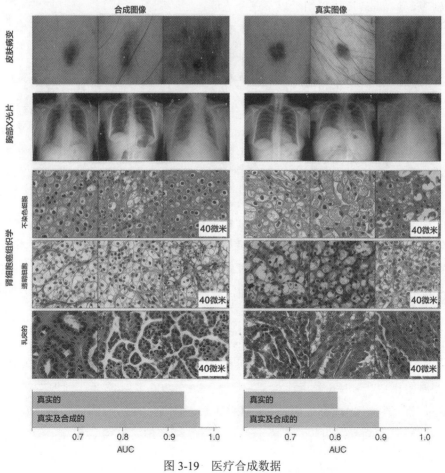

图 3-19　医疗合成数据

资料来源：《自然·生物医学工程》，2021

早在 2019 年，美国国家卫生信息技术协调员办公室（ONC）就领导了一项加强开源合成数据引擎的工作。项目的背景是患者的临床数据对于开展 PCOR[①]至关重要，因为 PCOR 的重点是预防和治疗方案的有效性。然而，由于成本、病人隐私问题或其他法律限制，现实的病人数据往往难以获得。合成健康数据有助于解决这些问题，并加快创新健康和研究方法的启动、完善和测试。项目使用了 Synthea 合成健康数据引擎，并采用了开源的开发模式。Synthea 使用公开的数据来合成健康记录，并能以多种标准化的格式输出信息。Synthea 可以合成真实的"病人"，模拟他们的整个生活，并输出电子健康记录数据。对于每个合成的"病人"，Synthea 数据包含完整的病史，包括药物、过敏、医疗遭遇和健康的社会决定因素。这些数据的使用不需要担心法律或隐私限制。为了支持开发人员、临床医生和研究人员，Synthea 数据可以以各种数据标准导出，包括 HL7 FHIR、C-CDA 和 CSV。Synthea 还可以用于以下三个方面：

- 学术研究。生成合成病人的模型参考了许多学术出版物，合成病人为研究的有效性提供了洞察力，并鼓励未来在人类健康方面的研究。
- 医疗卫生信息技术。合成数据为卫生信息技术的发展和实验建立了一个无风险的环境。包括对新的治疗模式、护理管理系统、临床决策支持等的评估。
- 政策形成。医疗保健政策的效果可以在合成人群中快速、可重复地模拟出来。使用这种反复的方法，可以为健康医疗行业发展政策的制定提供建议参考。

那么，Synthea 是如何对病人进行虚拟建构呢？如图 3-20 所示，Synthea 为了形成病人向量，每个标量属性（如年龄、性别、种族和民族）被映射到一个 32 位有符号的整数值，称为"特征"，并成为病人向量的一个元素。组属性被转换为一个称为"地图"的特征向量。例如，患者的免疫集大小可能因人而异，被映射到一个由 20 个特征组成的地图上，这样，如果两个患者有相似的免疫集，这 20 个特征将有相似的值。在这个展示中，每个病人向量由 207 个特征组成，这些特征是由病人数据映射出来的。例如 0 表示年龄、1 表示性别、17 ～ 36 表示免费接种地图、107 ～ 126 表示成像研究图、187 ～ 206 表示护理计划地图等。由于 Synthea 生成的数据集可以用 FHIR 格式生成，因此它可以与不同的程序和技术兼容，用于分析和软件开发。Synthea 的数据集已被用于开发和测试 FHIR 环境下

---

① PCOR（Patient-Centered Outcomes Research，以病人为中心的结果研究）。

的健康 IT 应用，用于数据科学教学，以及建模研究。最近，使用 Synthea 生成了 "Coherent 数据集"。这个数据集将多种合成数据形式结合在一起，包括家庭基因组、磁共振成像（MRI）DICOM 文件、临床记录和生理数据。

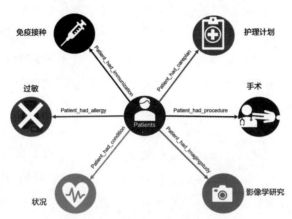

图 3-20 合成病人的数据向量

资料来源：Synthea

合成数据的劣势是，虽然它能够生成模仿真实事物的数据，但任何从数据中得出的合成模型只能复制数据的特定属性，这意味着它们最终只能模拟一般的趋势。然而，与真实数据相比，合成数据有几个好处：其一，克服真实数据的使用限制，由于隐私规则或其他法规，真实数据可能有使用限制。合成数据可以复制真实数据的所有重要统计属性，而不暴露真实数据，从而消除了这个问题；其二，创建数据以模拟尚未遇到的情况，即对现实中没有发生的紧急情况且确实无法获取相关数据的，合成数据是唯一的解决方案；其三，合成数据旨在保留变量之间的多变量关系，而非仅仅是具体的统计数据。随着医疗数据变得更加复杂和更加严密，合成数据的创建和使用只会越来越多。麻省理工学院的科学家想衡量来自合成数据的机器学习模型是否能像从真实数据建立的模型一样表现出色。在 2017 年的一项研究中，他们将数据科学家分成两组：一组使用合成数据，另一组使用真实数据。人工合成的数据在没有侵犯隐私的前提下，给出了与真实数据相同的结果。2023 年 1 月 20 日再次的实验表明，在 70% 的时间里，使用合成数据的小组能够产生与使用真实数据的小组相同的结果。这将使合成数据比其他隐私增强技术（PET）更具优势，如数据屏蔽和匿名化。

创建合成数据有三大类可供选择，每一类都有不同的优点和缺点：

● 部分合成：只有敏感的数据被替换成合成数据。这对归因模型有很大的依赖性，将导致对模型的依赖性降低。但由于数据集内仍有真实值，所以可能仍然存在一定的群体披露。

- 混合合成：混合合成数据是由真实数据和合成数据得出的。在保证数据集中其他变量之间的关系和完整性的同时，对原始数据的基本分布进行调查，并形成每个数据点的最近的邻近数据。在合成数据中为真实数据的每条记录选择一条近邻，然后将两者连接起来，生成混合数据。
- 完全合成：这种数据不包含任何原始数据。这意味着对任何单一单位的重新识别几乎是不可能的，所有的变量仍然是完全可用的。

构建合成数据一般使用以下三种策略：

- 从分布中抽取数字：这种方法通过观察真实的统计分布和复制假数据来发挥作用。这也可以包括建立生成模型。
- 基于代理的建模：为了实现这种方法中的合成数据，建立一个模型来解释观察到的行为，然后用相同的模型来重现随机数据。它强调了代理人之间的相互作用对整个系统的影响。
- 深度学习模型：变异自动编码器和生成对抗网络（GAN）模型是合成数据生成技术，通过向模型提供更多的数据来提高数据效用。

需要强调的是，合成数据通过从头设计来解决现实世界的医疗数据问题，而不是证明报销的合理性或简单取代纸质记录。合成数据不是基于病人的记录，所以它永远无法与特定的患者数据联系起来。相反，它是根据现实世界的数据开发、校准和验证的，以使其具有真实性和可用性。一旦创建了合成数据，就可以通过缩减数据的大小或复杂性来改进，合成数据也可以用来模拟未来的医疗 IT 系统。

合成数据大行其道，但也有迫切需要解决的重大问题。合成数据的好处不言自明，但它的兴起也预示着一个由营利性公司组成的行业，正试图将虚假数据货币化，并在数据保护法的范围之外实现跨境数据共享。令人担忧的是，目前还没有强有力的客观方法来确定合成数据集是否与原始真实数据集有足够大的差异，从而被归类为真正的匿名。缺乏涵盖合成数据的立法给消费者带来了潜在的风险。例如，它可以让保险公司自由地购买和销售合成消费者数据，这些数据在技术上是不可识别的，但却保留了原始数据集的所有属性，以调整特定消费者群体的保险费。此外，尽管技术公司在处理客户数据进行有针对性的广告宣传时受到数据保护法的约束，但对传播这种敏感数据法律没有明显的限制，围绕合成数据的使用还没有明确的立法。尽管人们对合成数据的积极使用案例产生了兴趣，但消费者和政策制定者了解其潜在的弊端也很重要。据预测，用于构建算法的合成数据将在 2030 年超过真实数据，对合成数据的金融投资正在迅速增加。

3.8　金融服务

3.8.1　生产力十倍说

从过去的发展阶段来看，62%的银行是 AI 的推进者或领导者。而这次我们没有把银行放在商业应用的前面，因为这个领域基于生成式 AI 的智能化改造或数字化转型，并没有像以往那样成为科技赋能的领头羊。在全球生成式 AI 的业务版图内，银行业也没有出现在显著的位置上。当 ChatGPT 已经占据了头条的时候，摩根大通、美国银行、花旗银行、高盛和富国银行等主要银行最近禁止将其用于商业目的[①]。

那么，为什么大多数金融服务机构没有第一时间成为生成式 AI 的早期采用者呢？因为金融服务机构在制度设计上是保守的，对错误和过失的容忍度极低，在效率与安全之间显然更倾向于后者。例如，在确保客户的资产安全与提供更好的用户体验之间，尽管后者也影响业务的发展，但保护这些资产的安全才是最重要的。为了更明显地体现出这种对错误的容忍差异，我们不妨再举一个例子：如果一家公司的电商平台的商品出现了定价策略错误，他们及时更正就行了，还可以作为后期营销的素材。但如果一家商业保险公司为一份网络保单定价策略错误，或者更糟糕的是，承保的客户或资产的风险实在太高而无法定价策略，那么这份保单的损失可能会使他们的整个账目消失。还有，如果一家银行利用 AIGC 工具对一项潜在的投资进行研究，它可能创造出不存在的虚构参考资料，还可能从互联网上剽窃别人的数据。目前的发展形势是：生成式 AI 是惊人的和强大的，但欠缺准确性和精确性，生成式 AI 给出了 90% 的答案，而金融服务要求 100% 的准确性。因为金融服务的准确性和精确性要求如此之高，它会更为谨慎地采用新的技术，特别是对于一个生成过程无法追溯且会进行过度创新的应用，创新失败之后也无法用现在的法规来进行评判和处理，这对于艺术创作很有帮助且无关规则，但对于严谨一致的工作要求未必是好事。

从积极乐观的角度来看，生成式 AI 可以成为金融服务提供方式的一个关键因素，并有望使人类的生产力提高 10 倍。尽管生成式 AI 只能达到 90% 的准确率，而人类的审查可以达到 100%，这种不准确的另一种理解是，人类只需要把生成式 AI 未完成的 10% 完成，人类的生产力就能提高 10 倍，并达到提供金融服务所需

---

① 生成式人工智能有能力在未来三年内改变银行业，Jenna McNamee，2023。

的准确率门槛[①]。

随着生成式 AI 和 AIGC 技术的迅猛升级及应用的推广，以下四个银行业垂直领域将受到最大的影响。

● 零售银行和财富：公司将使用生成式 AI 来训练开户时了解客户（KYC）流程的模型。它还将为自然语言模型提供动力，对虚拟助手进行微调。

● 中小企业银行业务：生成式 AI 将有效地梳理非数字的贷款申请数据，如商业计划。

● 商业银行：生成式 AI 将加快后台任务，如实时回答业绩问题。它也有助于在各种经济条件下进行情景分析。

● 投资银行和资本市场：生成式 AI 将产生非流动性金融产品的压力测试情景，以告知适当的合规措施并降低成本。

生成式 AI 与 AIGC 在以下四个领域有望获得长足的发展：

● 欺诈支持：生成式 AI 创建的数据可以训练算法，以减轻欺诈检测中出现的假阳性和阴性，从而提高准确性和速度。

● 个性化的报价：生成式 AI 可以通过图像和自然语言进行个性化的报价。

● 虚拟助理：该行业已经在使用虚拟助理和聊天机器人，而生成式 AI 将帮助该行业应对日益复杂的客户咨询。

● 财富规划：生成式 AI 将能够模拟各种客户的需求和经济场景，因此财务顾问可以根据具体情况给出财务建议。

在可预见的未来，金融服务公司将更多地以 GaaC（Generative-AI-as-a-Component，生成式 AI 即组件）的方式，而不是以 GaaS（Generative-AI-as-a-Servcie，生成式 AI 即服务）的方式使用生成式 AI，这与 Office 365 Copilot 集成 ChatGPT3/4 的模式是一样的，即将 AI 作为更广泛的软件或工作流程中的一个组成部分来使用，这可以称为嵌入式的 AIGC。其中有两个原因。第一，金融服务数据不属于公开的互联网数据集，这些数据集训练了基础的 LLM 模型。但这些数据集本身是专有的和私有的。因此，利用基础模型的应用程序必须对模型进行微调，使其与金融服务应用相关。第二，因为生成式 AI 不是 100% 准确，所以金融服务公司不会单独采购一个软件，用来完成一项完整的工作。一般情况下，人类仍然需要参与其中，人类的监督、验证与创造是生成式 AI 或 AIGC 之外一个巨大的附加值并无法被替代，但在生成式 AI 的帮助下，人类将获得更好的信息，更有

---

① 金融科技与生成性 AI 交织的机会，SARAH HINKFUSS，2023。

效率，并降低错误的产生。而以下工作内容则必须由人类来完成而不是机器：

- 贷款决策：AI产生的综合数据很难解释，也很难审计，这可能使其在贷款决策中不符合规定。
- 合规：由于规则和法规不断变化，生成式AI可能无法模拟适当的监管环境。然而，它最终可能被用来起草合规或不合规的声明。
- 交易：生成式AI可能不会被用来训练交易算法，因为市场往往是不可预测的。

嵌入式金融服务方面的经验表明，AIGC必须解决金融服务制造中的难点，而不仅仅是面向代理商或客户的分销环节。一般来说，金融服务产品的生命周期有三个阶段，都有AIGC的用武之地。

- 分销：金融服务产品如何销售给客户？
- 创建：金融服务产品是如何创建的？一旦创建，就是与相关监管机构商定的、针对特定客户的预定产品的唯一实例。
- 服务：金融服务产品如何交付给客户？

AIGC使金融服务产品更容易获得更有效的关键因素。当我们看金融服务产品的解剖图时，可以看到这样一个现实：这个过程的复杂性来自于它是一个多方交易，具有不同程度的信任和透明度，需要多个数据源和多种互动模式。AI总的来说还不够强大、不够稳健，也不够灵活，无法应用于这个复杂的生态系统。随着AIGC的出现，创新的边界被拉长了，计算方式和能力都有了质的提升。

1. 分销过程

- 定制化的营销：生成式AI可以开发针对受众的信息，向客户推销新产品或现有产品的追加销售，增加销售和转化率。例如，在一个主要用作支票账户的消费者银行门户网站内，银行可以根据客户的身份、消费模式和生活阶段的上下文信息，在自动生成的个人贷款报价中附带定制信息。
- 文件处理：申请许多金融服务产品的必备环节之一是反复输入和验证信息。生成式AI可以比基于验证的人工智能更进一步，使从金融文件（如发票和合同）中提取信息和前瞻性指导的过程自动化。例如，在申请保险产品时［如企业主保单（BOP）］，小企业需要提供一些基本信息，如行业、所有权结构、联系信息和商业历史。这些相同的信息在所有的申请中都以不同的方式被询问。生成式AI可以从一个应用程序中摄取信息，并将其拼接后输入其他应用程序中，因此经纪人或小企业主只需输入一次信息，就可以收到来自多个运营商的报价。再如，应付账款解决方案收集和组织公司对供应商和卖家的付款。这些解决方案将发票与付款进行核对，并增加有价值的元数据，以便在财务报告中对费用进行正确分类。生成式 AI 提供了更强大的能力，以准确地概括和标记费用。

- 信息验证：金融服务的申请过程经常需要验证信息。最难验证的产品包括那些可以用多种格式表示的产品，使简单的基于规则的逻辑无用。人类需要手动检查政策，或根据内容对政策进行编码，以便基于规则的逻辑能够发挥作用，生成式 AI 则可以确定政策是否符合标准。例如，一个司机申请加入一个驾驶共享计划，需提交他的汽车保险单，共享计划可以自动审查与该保单相关的政策层面的信息，以了解它是否符合其计划的标准。

2. 创建过程

- 欺诈识别：生成式 AI 可以产生新的训练数据来训练欺诈模型。盗版和欺诈的挑战之一是安全供应商为解决最新被利用的弱点而进行的猫捉老鼠的游戏，而欺诈者却找到了下一个弱点。通过生成式 AI 生成的尚未见过的欺诈案例来训练模型，提供了领先一步的机会。

- 写备忘录：许多金融服务产品仍然需要提交正式的备忘录，并由委员会对重大决策进行审查。类似于在法律界应用生成式 AI，生成式 AI 可以审查一个完整的申请，并写出备忘录的初稿。例如，超过一定级别的抵押贷款的贷款官员准备备忘录，向委员会介绍核保情况，生成式 AI 可以通过提供一个相当好的初稿来加速这一过程。

- 风险识别和投资组合构建：生成式 AI 可以帮助公司考虑所有可用的数据，以更准确地预测未来的业绩和识别不相关的风险。例如，生成式 AI 可以帮助公司内的 FP&A 团队考虑全部数据，以更好地预测公司未来的销售和盈利能力——从基于管道和 AE 情绪的个人销售计划，到内部沟通的过去业绩和报告偏差，再到不同部门的成本，包括计划人员和预算编制。再如，贷款公司和保险公司需要按行业、地域、信贷质量、业务规模/阶段等扫描其投资组合的趋势。分析师希望避免过去的错误，并在它们成为问题之前识别新的风险领域。生成式 AI 可以自动化几个风险分析师的工作量，为内部信贷和董事会风险委员会生成定期报告。

- 定价策略和费用优化：虽然许多金融服务产品需要相当同质的定价策略（或至少与提交给监管机构的规则一致的定价策略），但一些产品在受监管的范围内会有很大差异。使用生成式 AI，金融服务机构可以更好地评估对某些产品的支付意愿或支付某些费用的能力，并最大限度地提高客户的长期价值。

● 产品选择：金融服务产品往往难以理解，不能用通俗的语言描述，这导致转换比例和速度明显不足。使用生成式 AI，金融服务公司可以向客户的潜在客户解释产品供应，或比较不同的金融产品，以及回答围绕保险或限额的后续问题。例如，生成式 AI 可以让商业经纪人用语言描述保险单的内容，比较不同报价的保险范围，并回答申请人关于保险的问题。

3. 服务过程

● 自动化关系管理：关系经理支持客户从他们的产品中获得最大价值，如保险经纪人、私人财富经理和商业银行家。最高的 NPS 关系是高度定制和响应的，但太昂贵了，除了最高价值的客户外，任何客户都不可以使用。有了生成式 AI，敏感、定制的服务可以成为标准。例如，生成式 AI 可以支持财富经理为其客户管理财务计划。生成式 AI 可以帮助解释风险偏好，识别恐惧，并捕捉到情绪的转变。这对于帮助客户在适当的时候"持有"和在必要的时候"卖出"至关重要。

● 客户服务：由人工智能驱动的聊天机器人可以帮助公司提供 7×24 小时的客户服务和支持，处理广泛的客户查询和问题，如提供财务建议和帮助进行账户管理。

需要注意的是，经常被提及的颠覆性的改变，这对于金融服务来说并非如此，生成式 AI 应用不会是革命性的。相反，我们看到的是对金融服务流程进行逐步改善的大量机会。这是生成式 AI 应用的一个特点，它并不令人沮丧。相反，令人振奋的是，这些增量改进中的多个分层，可以彻底提升从金融服务产品中获取的价值。

3.8.2　务实的 AIGC 践行者

尽管几家大银行禁止将 ChatGPT 用于商业目的，但并不表示它们放弃了整个 AIGC 或生成式 AI，相反，它们一直积极地在其业务中实施人工智能。

摩根大通在银行业一直处于 AI 的领先地位。英国公司 Evident 创建了一个 AI 指数，用以追踪银行实施 AI 的进展，被称为商业 AI 成熟度的全球标杆。该指数对北美和欧洲 23 家最大银行开发和部署 AI 驱动的解决方案的能力进行排名。排名基于四个因素综合得出，分别是：以 AI 为重点的人才、AI 创新、AI 战略和实施方面的领导力，以及负责任的 AI 实践的透明度。来自摩根大通 2019 年案例显示，它们通常雇用律师和贷款官员，每年花费约 36 万小时来处理平凡的任务，包括解释商业贷款协议。该公司已经成功地利用 AIGC（当时称为深度学习）将花在这项工作上的时间减少到几秒钟。具体的做法是实施一项名为 COiN（合同智能平台）的计划，它使用无监督的机器学习，这意味着部署后将有最少的人工参与。COiN 在一个机器学习系统上运行，该系统由银行使用的一个新的私有云网络提供动力——自动处理某类合同的文件审查过程。测试 COiN 平台的第一阶段包括审查该银行的信贷合同，实际上银行业使用 AIGC 的案例举不胜举。

N26 是欧洲领先的移动银行，拥有超过 5 亿美元的资金，在短短几年内就有了巨大的增长，客户超过 200 万。该公司在欧洲许多国家的市场运营，提供五种语言的客户服务，并计划扩展到美国。为了跟上这种强劲的增长，N26 面临着扩大客户服务规模的挑战。N26 决定研究使用 AI 来改善客户体验和运营效率，通过对客户服务聊天的快速响应，N26 发现现有的基于云的解决方案无法满足其定制和数据保护的需求。此外，该公司希望将复杂的、来回的对话自动化。使用 Rasa（一个自动化对话体验平台），N26 能够在短短 4 周内完成从想法到生产的过程。N26 在它们的安全云环境中部署了这个助手，并进行了全面的数据控制。一个由数据科学家、设计师、开发人员和产品经理组成的产品团队与客户服务部门密切合作，以确定主要的应用。具体来说，该团队能够使用 Rasa 基于机器学习的对话人工智能来处理更复杂的对话，而不是手工制作每条规则。现在，这个 AI 助手在移动和网络应用中以五种不同的语言运行，甚至处理复杂的任务，如信用卡丢失或被盗的报告。N26 的团队能够用他们自己的数据集将机器学习模型调整到最高性能。在移动应用程序上线后不久，N26 很快看到 20% 的客户服务请求由人工智能助理处理。N26 正在努力将这一比例提高到 30%，甚至更高。

Capital One 银行早在 2017 年就发布了 Eno——一个虚拟助理，用户可以通过移动应用程序、文本、电邮和桌面与之沟通。Eno 让用户发短信提问，接收欺诈警报，并负责支付信用卡、跟踪账户余额、查看可用信贷和检查交易等任务。这个人工智能助理可以像人类用户一样进行交流，甚至使用表情符号。Ally 在银行业已有 100 多年的历史，该银行的移动平台使用一个基于机器学习的聊天机器人，协助客户处理问题、转账和支付，并提供支付摘要。聊天机器人同时支持文字和语音，这意味着用户可以简单地与助手对话或发短信来处理他们的银行需求。如今，阿联酋的数字银行 Liv.、星展银行、渣打银行都在使用对话式 AIGC 平台 KAI，从而建立自己的聊天机器人和虚拟助手。和 AIGC 的其他工具一样，KAI 植根于 AI 推理和自然语言的理解和生成，这意味着它可以处理有关金融管理的复杂问题，包括指导客户进行国际转账，阻止信用卡收费，在 AIGC 无力服务时再转为人工服务。

其他有趣的案例还有很多。作为世界上最著名的机器人之一，Pepper 是一个胸前"绑着"一块平板电脑的人形机器人。Pepper 于 2014 年首次亮相，直到四年后才引入人工智能，当时麻省理工学院的附属机构 Affectiva 为它注入了复杂的能力，以读取情绪和认知状态。在这次升级之后，汇丰银行在银行楼层引入了Pepper——包括该银行在纽约第五大道的旗舰分行。此后，Pepper 也在迈阿密等地区推广。NatWest 成为英国第一家允许客户用自拍进行远程开户的银行，它们与软件合作伙伴 HooYu 合作开发的人工智能驱动的生物识别技术，将申请人的自拍与护照、政府颁发的身份证或其他官方照片识别文件实时匹配。Simudyne 是一家技术供应商，使用基于代理的建模和机器学习来运行数百万种市场情景。它的平台允许金融机构进行压力测试分析，并测试大规模的市场传染病。Simudyne 的技术已经得到了主要银行机构的认可，因为巴克莱银行在 2019 年为这家金融科技公司领投了一轮 600 万美元的融资。

生成式 AI、自主系统和隐私增强计算将在未来 2 ～ 3 年内继续增长，促进金融服务机构的增长和转型。到 2025 年，面向消费者的应用的所有测试数据的 20%将是合成的。生成式 AI 从数据中学习人工制品的数字表示，并产生创新的作品，这些作品与原来的作品一样，但不重复。在银行和投资服务领域，生成式对抗网络（GAN）和自然语言生成（NLG）的应用可以在大多数场景中找到，用于欺诈检测、交易预测、合成数据生成和风险因素建模。它们之所以有潜力，是因为能够将个性化提升到新的高度。

3.9　品牌营销

3.9.1　易化与轻松化

AIGC 支持创意和素材的生成，例如 AI 文字辅助创作、AI 绘画、写稿机器人、采访助手、视频字幕生成、语音播报、视频集锦、AI 合成主播等，人机协同生产，将推动媒体融合。这些生成式模型在许多业务功能中都有潜在的价值，但对营销应用可能是最常见的。从文本生成的例子来看，Jasper 是 GPT3 的一个以营销为重点的版本，可以制作博客、社交媒体帖子、网络副本、销售电邮、广告和其他类型的面向客户的内容，而且其内容是为搜索引擎定位而优化的。Jasper 还用客户的最佳产出对 GPT3 模型进行微调，从而使模型有了实质性的改进。Jasper 的大多数客户是个人和小型企业，但大公司中的一些团体也利用 Jasper 的能力。例如，在云计算公司 VMWare，撰稿人使用 Jasper 为营销工作制作原创内容，从电邮到产品宣传再到社交媒体文案，Jasper 帮助公司强化了内容生成和发布的策略，作家们现在可以把更多时间放在研究和构思上。公共关系和社会媒体机构 Ruby Media Group 的老板 Kris Ruby 正在使用生成模型的文本和图像生成。她说，它们在最大限度地提高搜索引擎优化（SEO）方面是有效的，在公关方面，则用于向作家提供个性化的建议。她认为，这些新工具在版权挑战方面开辟了一个新的领域。她觉得这些工具使一个人的写作更好、更完整、更便于搜索引擎发现。图像生成工具则可能会取代图片库的市场，带来创造性工作的复兴。

DALL·E 2 和其他图像生成工具已经被用于广告。例如，亨氏公司使用了一张标签和与亨氏公司相似的番茄酱瓶的图像，来论证"这就是 AI 眼中的'番茄酱'的样子"。当然，这只意味着该模型是在相对大量的亨氏番茄酱瓶照片上训练出来的。雀巢公司使用人工智能增强版的维米尔画作来销售其酸奶品牌。已经使用人工智能向客户推荐特定服装的服装公司 Stitch Fix，正在尝试使用 DALL·E 2，根据客户对颜色、面料和风格的偏好要求，创建服装的可视化。美泰公司正在使用该技术来生成玩具设计和营销的图像。

无论是文本、图像还是其他多模态的数据，AIGC 都在以下三个方面提高了营销生产力，使营销工作更为轻松。

- 提高该品牌影响力，基于更具竞争力的产品和独特的灵感为消费者提供更好的服务。
- 支持营销、物流、供应链、采购和创新部门，解决问题，提高生产力，甚至在战略层面提供建议。
- 在短短的几秒钟内即能创造大量内容，具备无穷创意，不知疲倦，更不会生气。

具体来说，每家公司都在苦心经营量身定制的营销策略，任何品牌的关键成功因素，如品牌知名度、代言人、产品、成分和配方，都可能被竞争对手取代或模仿，那么独特性就更为重要，AIGC 就可以在这方面发挥作用了。AIGC 工具根据历史上的用户标签、购买、行为等数据，推断出 AI 驱动的消费者决策算法模型。它还可以分析和总结出什么样的消费者在未来更有可能购买产品，具有更大的购买价值。基于这些洞察力，品牌可以对用户进行分类，并根据人口统计学采取不同的营销推广策略，加速用户决策。未来真正的自动化将由数据和 AI 驱动。也就是说，用户数据必须得到正确的应用，而且是合法的，然后可以利用工具在适当的场景中整合数据模型的能力来加速用户的决策并实现增长。其中一个例子是情人节，情人节对于中国的时尚和美容品牌来说通常是一个重要的节日，它在春节之后，往往是一年中的第一个重要活动。如果品牌能够将AIGC整合到其情人节营销策略中，就能发现并挑出最适合的平台、活动形式、故事、特定时间段和其他关键特征，向目标客户推出活动并大赚快钱。

3.9.2　个性与趣味化

Vanguard是世界上最大的投资公司之一，管理着7万亿美元。该公司需要推广业务，却处在一个其广告内容被高度监管的领域，因此很难在金融服务的广告中脱颖而出，因为监管的要求，大家使用了大量同质化的语言，那些陈词滥调对客户来说并没有存在感。于是，Vanguard求助于AI语言平台Persado。利用Persado的AI，Vanguard能够根据最能引起消费者共鸣的具体信息，对其广告进行个性化处理。由于AI的作用，该公司在规模化的个性化方面转换率上升了15%。

MarketMuse是一个AI驱动的助理，用于建立内容管理策略，它将准确地告诉你，你需要针对哪些词用来在某些主题类别中竞争。如果你想拥有某些主题，它还会生成你可能需要瞄准的主题。最后，你会得到由一个复杂的机器学习模型提供的SEO建议，它提供的见解可以指导你的整个内容创作团队。

美国营销协会（AMA）的网站是一个行业知识和资源的市场，涉及品牌、职业客户体验、数字营销等。其社区的一个独特方面是它代表了大量的行业。每家企业都有营销需求，其成员来自全球各地的行业，包括教育、金融、医疗保健、保险、制造业、房地产等。为了向用户提供个性化的内容，AMA运用了rasa.io。这个AI系统使用自然语言处理和机器学习来生成个性化的智能邮件并提供邮件自动化。这极大地提高了用户的参与度，并提供丰富的洞察力以回馈相关的品牌，同时大量地节省了组织处理这些邮件所需的时间。为了向订阅者提供个性化的信息，该解决方案使用AI来策划和过滤由AMA选择来源的内容，包括选择每个单独的内容、文章，以及为每个用户选择的主题。其结果是，为每一位用户提供完美个性化体验的邮件。此外，该平台能够在邮件中注入AMA内部制作的内容，并将其放在邮件的顶部，最大限度地提高知名度。

对于客户服务来说，应用于普通商业行为的智能客服更多的是解决实际问题，如说明交货时间、标准产品矩阵推荐、分享产品优势、如何应用产品等。然而，它不能主动与客户进行情感交流。当客户提出的问题无法与聊天机器人的预设数据库相匹配时，聊天机器人会将客户引向真人进行客服服务。重要的是，消费者选择某一品牌不仅是为了实用，还因为他们了解该品牌的价值和配套服务，这些都是决策的关键因素，而后者的品质在高端品牌中具有更强的影响力。在未来，智能客服不仅可以回答客户关于产品质量、物流、售后服务等基本问题，它还可能给他们人性化的体验，作为"客户的伙伴"，全方位地满足客户的需求，提高客户忠诚度。

以 ChatGPT 为代表的 AIGC 不会颠覆营销行业，而更像是一个及时出现的"帮手"，使从业者能够产生更好、更快的结果。人类特有的创造力依然是稀缺，虽然 ChatGPT 技术有了长足的突破性，且前所未有，但它仍然需要人类的判断和平衡，才能在数字营销和日常生活中得到有效利用。在中国的社交媒体平台中，使用过 ChatGPT 的人表示：其措辞就像华丽辞藻的积累，但对消费者来说并不生动和吸引人——它并不触动心弦（如图 3-21 所示）。值得注意的是，英文语境与中文语境不同，如果此类技术为中国受众翻译文案，则需要更多的强化训练。

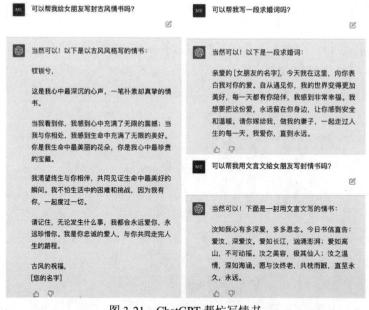

图 3-21　ChatGPT 帮忙写情书
资料来源：ChatGPT

我们关注的问题之一是 ChatGPT 和类似的 AIGC 引擎将如何影响消费者对产品、服务甚至品牌的看法。随着 AIGC 成为日常交流的随身顾问，它无疑将改变消费者对商品和服务的认知渠道和方式，从而影响消费行为。在没有得到 ChatGPT 正向的反馈之前，消费者或许不能判断商业和服务的好坏，可 GPT 并不是真正的用户，它不具备使用的体会、经验与感知的意识，但却可能取代了其他用户的判断，从而影响新用户的决定或选择偏好，因为我们将开始习惯相信GPT，它确实为普通消费者带来了关于人们日常使用的产品和服务的更丰富的信息，且大部分看起来极其合理。多年来，客户一直依靠社交媒体或自己的知识进行决策，但当ChatGPT提供完全不同的东西时，他们会感到惊讶。

AI可以提高营销和沟通的效率，但它不能取代人类的执行力。到目前为止，人们在实践中把ChatGPT看作一个"助手"，而创意团队在创意受阻时则通过ChatGPT来获得灵感和支持，拥有更好的计算资源和资源丰富的公司意识到它们现在可以用AI做更多事情。中国奢侈品零售平台Secoo宣布该公司计划在AICG技术上加倍努力，并在未来将ChatGPT与奢侈品业务相结合。该消息一经发布，Secoo的股票在2023年2月6日上涨了三位数，此举就发生在这家公司2022年两次宣布破产后股票被冻结的短短几个月。早些时候，当BuzzFeed宣布计划使用ChatGPT开发商OpenAI的服务来帮助创建内容时，其股价在两个交易日上涨了两倍多，这是该公司自2021年12月通过SPAC上市以来股价的最大跳跃。对品牌来说，也许更好的做法是以更长远的眼光，将这一时期作为一个营销机会来磨砺品牌效应。

第 4 章
AIGC 工具市场

人类第一个人工智能内容编写工具是在 20 世纪 50 年代初由达特茅斯学院的一个研究小组开发的，该工具被称为 PLATO（Programmed Logic for Automated Teaching Operations），旨在帮助学生学习编程，它还被用来生成报告和管理课堂作业。20 世纪 60 年代，另一个名为 ELIZA 的人工智能内容写作工具在麻省理工学院被开发出来，ELIZA 通过使用一系列的规则来模拟人类对话，它可以就几乎任何话题进行数小时的对话而不感到厌烦。在 20 世纪 70 年代，个人电脑上出现了文字处理和语法检查，这使得作家更容易写出无错误的文章。在 20 世纪 80 年代，开始出现人工智能内容写作工具，可以帮助作者更有效地创建文件。今天，有许多 AIGCC 的内容编写工具可用，其中一些工具是为特定任务设计的，如文献综述生成或工业图纸的生成等。其他工具则更具有通用性，可用于各种文案生成任务。如图 4-1 所示，2022 年，红杉资本创建并推出了 AIGC 应用市场版图，包括文案写作工具 Copy.ai、Contenda、Copysmith、Hypotenuse，文本编辑器 Get Writer，编码工具 GitHub 和 Replit，以及图像生成器 Stability AI、Craiyon、Lexica 等。这张图中的公司并不是固定的，它们一直在变化，因为 AI 行业并没有停滞不前，而是在快速发展。

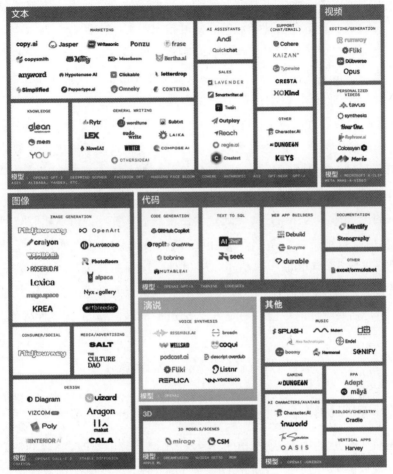

图 4-1 AIGC 应用业务版图
资料来源：红杉资本，2022

也许大家会说，这些工具都是国际上的，而且界面都是英文的，国内互联网很可能无法直接访问，另外还有一堆麻烦事，包括需要海外的手机账号注册，需要输入信用卡的信息来试用，等等。这些都不是影响使用的严重问题，有兴趣的人很容易通过互联网搜索到帮助他们解决这些问题的本土的供应商，其中很多本土的供应商已经提供了 API 接口，让大家可以直接使用这些工具，即使不使用桌面台式机，在微信公众号中也有一堆供应商，特别是在价格上面，也不比在国际网站上通过信用卡付费贵多少。即使这些方法都不可行，那么相信国内也很快会出现类似的供应商，它们在 ChatGPT 推出的几天内就发现这个巨大的风口并积极下场，最快的方法就是拿国际先进的案例对照，再结合本土市场需求克隆一个产品出来。我们相信在 2023 年，出现在图 4-1 中的那些在细分领域的领跑者，可能在本书出版的过程中，更多工具就有了中文版本，你只要检索一下就能发现。与此同时，我国本土必定会出现类似的公司并推出类似的产品。作为二次创新，本土的开发商可以充分发挥后发优势，就是有更高的起点而不用走漫长的老路，也没有背负试错的成本。虽然算法与技术的领先性非常重要，但在本土营销方面，当地的公司会更有经验，特别是在 ToB 的专业市场业务拓展上。

这些产品的服务有三种交付方式：第一种是 GaaC[①]；第二种是 GaaS[②]；第三种是前两者的结合。为了尽快获得大量客户，并通过频繁使用来提升模型的优化进程，在相当长的一段时间内，AIGC 服务的形态都会以 GaaC 的形式出现，并与其他软件整合在一起，比如微软 Office、谷歌 WorkSpace 和 Chrome 浏览器，以及 Adobe 的全家桶。这样用户每天还是使用常规的软件，但可以随时访问并使用 AIGC 的功能，特别是基于微软 Edge 和谷歌 Chrome 的 AIGC 插件实在是太好用了，甚至不需要等待 Office 365 Copilot 及其他全家桶的升级。而专业领域则会选择两者结合的方法，面向内部运营的是前者，即整合的形态；面向用户服务的则是后者，用户需要一个简单的、随时可以访问的并即时互动的开放性界面。

4.1　AIGC 头牌之 ChatGPT

4.1.1　ChatGPT 脉络

OpenAI[③] 于 2022 年 12 月推出了基于 GPT3.5 的 ChatGPT，它们还有复杂的 AI 艺术生成软件 DALL·E 2。ChatGPT 是 OpenAI 开发的几个语言模型之一，它被设计用来对问题和提示产生类似人类的反应。ChatGPT 和其他语言模型的开发是 OpenAI 产品体系的一部分，推动了 AI 领域的发展，并开发可用于其他领域。ChatGPT 通过结合机器学习算法和 AI 技术做到这一点，通过在大量的文本数据

---

① GaaC: Generative-AI-as-a-Component，生成式 AI 即组件，即 AIGC 这样的生成式 AI 工具是以插件或组件的方式来提供服务的，而不是一个单独的软件。OpenAI 已开放了 API 接口就是典型的应用。

② GaaS: Generative-AI-as-a-Service，生成式 AI 即服务，即 AIGC 这样的生成式 AI 工具是以独立的服务形式存在的，比如像 Linkedin 领英，它并不与其他软件混合在一起。

③ OpenAI 是一个专注于发展 AI 和推进机器学习领域的研究机构。OpenAI 在与 AI 和机器学习相关的各种领域进行研究，包括自然语言处理、计算机视觉、机器人学和强化学习。除了研究工作，OpenAI 还致力于促进 AI 负责任地发展和使用，并向更广泛的 AI 社区提供其技术和资源的访问。

上进行训练，它能够学习生成听起来与人类语音相似的反应。当你问它一个问题或给它一个提示时，它用自己的语言知识和训练数据来处理你的输入，然后根据它所学到的知识产生一个反应。这使它能够与用户进行对话并提供有用的信息。ChatGPT是专门设计用来理解和生成自然语言的。这使它与其他许多聊天机器人不同，这些聊天机器人通常被设计为对特定输入提供预先确定的反应或执行特定任务。它能够记住你以前问过的问题并做出不同的反应，这使它从所有聊天机器人中脱颖而出。由于ChatGPT是在大量文本数据的基础上训练出来的，因此它比许多其他聊天机器人产生更像人类的、连贯的反应，这使它更适合以类似于人类的方式进行对话和提供信息。

此外，由于ChatGPT是一个语言模型，而不是一个特定的应用程序，它可以被用来为许多基于语言的应用程序提供强大服务。ChatGPT可以通过一些不同的方式帮助人类作者写一本小说。当我问ChatGPT如何能帮助别人写书时，它给了我一些想法。虽然我们不能完全同意ChatGPT说它能帮助你的所有方式，但ChatGPT可以成为AI写作程序的一个完整的提纲、头脑风暴和创意生成器。然而，在使用ChatGPT进行研究协助时必须谨慎。ChatGPT不是一个搜索引擎，它是一个在特定时间扫描互联网的程序，但不知道当前的事件或它从互联网上提取的信息是否正确，它根据训练的规则采集二手的数据，而无法生成一手数据，同时这些二手数据通常没有出处，这需要通过更为专业的AIGC工具才能实现，例如部分类似ChatGPT的AIGC工具只检索权威的知识来源，并且在文章的末尾会像论文的格式一样列出所有的参考文献。这是两个不同的领域，专业的AIGC工具意味着你不再享有简短的问题答案，而是上万字的庞大内容，但这比人工检索多个文献库要好很多，且人工去做这些检索经常得不到正确的结果。图4-2为部分汉化的ChatGPT界面。

图4-2　部分汉化的ChatGPT界面
资料来源：Open AI官网的ChatGPT专栏

当用户输入一个问题或提示（Prompt），ChatGPT 在互联网上搜索答案后给出反馈结果。它提供了类似人类的智能反馈和对话感的答案，因此非常适合用来产生想法或确定要讨论的热门话题。

ChatGPT 的关键介绍见表 4-1。

表 4-1　ChatGPT 关键介绍

特　点	定 价 策 略	注 意 事 项
● ChatGPT 的用户体验十分有趣 ● ChatGPT 是一个有益的 AI 写作软件工具，可以帮助你避免写作障碍，开发你没有想到的想法，并开始创意的流动	● 免费版本 ● ChatGPT Plus：20 美元 / 月	● 在将其用于任何与研究有关的目的时，你应该谨慎行事；即使你用它来产生想法和开发主题，你也应该始终对 Chat GPT 生成的答案进行事实核查 ● 过度使用短语，回答过于冗长

资料来源：Renaissance Rachel

ChatGPT 是新版的谷歌吗？ ChatGPT 的不断普及带来了该工具取代搜索引擎的担忧，看来至少有一部分人更喜欢通过提问而不是输入搜索查询来获取信息。就目前而言，谷歌仍然比 ChatGPT 有更大的优势。人们使用 ChatGPT，然后在谷歌中验证答案，比如本书在与 ChatGTP 合著的过程中，开始的时候大量使用了 ChatGTP 以开拓思路，但之后已经很少使用了，因为大量有价值的内容仍然需要来自权威的媒体或智库，在使用时需要引用出处，并对不同段落的内容进行拼接，优化并形成章节。而在最后，我还会利用 AIGC 对整本书进行一些知识图谱的分析，以确定其内容的分布是否合理，以及关键的内容之间是否有一些作为人类作者的我忽略的重要线索。当然，ChatGPT 和其他基于聊天的工具将继续流行，但谷歌也在不断优化其搜索技术，提供类似智能聊天为中心的模式。事实上，谷歌已提供了这样的组合功能，并清晰阐述 AIGC 工具与搜索引擎是两回事，它们不是相互替代的关系。所以当我们问该工具是否会取代谷歌时，它同样并不这么认为。或者只有时间才能说明问题，比如下一代的 GPT 和新一代的搜索引擎将整合成一个新的信息搜索与获取平台！

ChatGPT 并不会代替搜索引擎，就像很多人用惯了 Office 一样，开机第一件事就是打开 Chrom。同时，正如 ChatGPT 的创造者 OpenAI 在它们的博客上分享的那样，它也有明显的局限，例如：

- ChatGPT 有时会产生一些听起来很有道理但不正确或不合理的答案，比如它会认为算盘的性能要强过 CPU。
- 如果有人提供了 ChatGPT 无法识别的输入或提示，模型可能会声称不知道答案。然而，如果那个人重新表述提示，ChatGPT 可以正确回答。这种情况经常发生，比如我在第 1 章询问它关于相关报告的时候，有些报告需要问 3 ～ 5 次才会出现，而之前它的回答是没有或没找到。我想出于算力资源的平衡，ChatGPT 并没有对其所谓的 3000 亿个词汇进行全部的挖掘，用户越要求它这么做，它就会越努力进行深度尝试，而刚开始的时候，ChatGPT 并没有足够的投入。而对于某些问题，即使你问十遍，ChatGPT 也不会输出结果。

- 通常情况下，ChatGPT 会过于冗长，过度使用某些短语。在 200 ～ 500 字的内容中，虽然看起来逻辑很有条理，但又觉得没说清楚，它用了类似并反复出现的短语。

- 如果有人问一些含糊不清的问题，ChatGPT 通常会猜测用户打算问什么。如果模型在给出一个模糊的问题时能提出澄清的问题，那就更好了。

- 尽管在努力警告或阻止不安全的内容，但 ChatGPT 有时会对有害的指令做出反应或显示出有偏见的行为。

　　ChatGPT 的开发者意识到了这些局限，并计划减少这些局限。这些局限很大程度上都与训练收费的方式有关。OpenAI 计划定期进行模型更新，以改善这些限制。OpenAI 希望能得到用户对它们没有意识到的问题的反馈。通过用户界面，用户可以对看起来有问题的输出进行反馈。OpenAI 以多种方式使用用户反馈来改进 ChatGPT 和其他语言模型。例如，该组织可能会收集和分析用户对 ChatGPT 回应的质量和一致性的反馈，并使用这些信息来微调模型的性能。这可能涉及调整模型的参数或修改其训练数据，以提高其产生类似人类反应的能力。除了收集和分析用户反馈，OpenAI 还可能使用其他方法来改进 ChatGPT 和其他语言模型。这可能包括对新的机器学习算法和技术进行研究，或将额外的训练数据纳入模型以扩大其知识和能力。通过使用用户反馈和其他方法的结合，OpenAI 能够不断地提高 ChatGPT 和其他语言模型的性能。

　　ChatGPT 是否能取代如本文提及的其他 AI 写作工具，取决于你想用这种工具来做什么。通常，我还是习惯用功能最全的 Word 来写作，因为里面有我最为熟悉的界面、模板和快捷方式，而且这种格式在最大程度上确保了与团队的兼容性，但同时，我也会打开两个搜索引擎的窗口，一个是微软的浏览器 Edge，因为它已内嵌了 ChatGPT 以及 DALL，另一个是谷歌的 Chrome，因为里面有我熟悉的扩展插件。但同时，我必须有一个 ChatGPT 的窗口，并且还有一些其他的 AIGC 工具，比如翻译的和语法校对的。文本的创作是需要有若干窗口同时并行的，因为我们需要在不同的独特功能之间进行转换，但没有一个平台可以容纳这么多优秀的工具，即使 Office 365 Copilot 也做不到。

2023 年 3 月，OpenAI 开放了真正的 ChatGPT API，而不是背后的 GPT3.5 大模型，它是 ChatGPT 的本体模型。ChatGPT API 每输出 100 万个单词，价格才 2.7 美元（约 18 元人民币），比已有的 GPT3.5 模型便宜 10 倍，这将大大降低开发人员将 ChatGPT 集成到自家应用和服务的门槛，构建属于自己的 AI 聊天机器人。而且 OpenAI 将 ChatGPT 从 2022 年 12 月至今的成本砍掉了 90%，令此前许多靠开发私有 ChatGPT API 接口赚差价的中间商再无用武之地。ChatGPT 官方 API 基于 GPT3.5-turbo 模型，是 GPT3.5 系列中最快速、最便宜、最灵活的模型。开发者可以通过 OpenAI Playground 和 OpenAI Codex 来使用和测试 ChatGPT OpenAI。此前一些公司已经率先接入 ChatGPT API，包括生鲜电商平台 Instacart、跨境电商平台 Shopify、照片分享应用 Snap、单词背诵应用 Quizlet 等，用于提高客户服务、营销、教育等效率及体验。OpenAI 还在不断改进其 ChatGPT 模型，并希望将增强功能提供给开发人员。使用 GPT3.5-turbo 模型的开发人员将始终获得 OpenAI 发布的稳定模型，同时仍然可以灵活地选择特定模型版本。另外，OpenAI 还推出了基于 large-v2 模型的 Whisper 官方 API。Whisper 是 OpenAI 在 2022 年 9 月发布的开源自动语音识别（ASR）模型。开发者可用该功能来转录或翻译音频，费用为每分钟 0.006 美元。

我第一次使用 ChatGPT 的时候感到非常惊喜，我放下了其他的工作，一直"玩"到凌晨两点，一口气生成了若干篇论文的纲要并尝试写了一篇关于 AIGC 的短文才收尾，并快速分享给了我的朋友们。AI 发展这么多年，这次 ChatGPT 的出现的确不负众望。它的用户体验已民主化，具有广泛的应用潜力。随着 ChatGPT 和其他 AI 语言模型的不断发展，它们无疑将在塑造未来的人机交互方面发挥越来越重要的作用。

4.1.2　向 ChatGPT 提问的技巧

在使用 ChatGPT 时如果掌握一些技巧，那么会快速地通过这个工具获得需要的结果，减少使用障碍并缩短学习曲线，这对很多不熟悉 IT 的人来说更是如此。以下是 ChatGPT 和笔者给出的组合答案：

- 不要试图让 ChatGPT 生成带有敏感的政治性问题，可能是 OpenAI 已经意识到这个风险，因此对于那些敏感的政治话题，它的回答通常是：作为一个 AI 语言模型，我不能对个人或政治立场发表评论或偏见。同时，关于领导人的评价和观点是非常主观和敏感的话题，在许多情况下可能会引起

争议和纷争。因此，我建议您采取客观、理性和不带有偏见的态度来对待
这些问题，并尊重不同观点和声音的存在。

● 确定问题类型：在提问之前，最好确定问题的类型，例如事实性问题、推
理性问题、意见性问题等。这可以帮助 ChatGPT 更好地理解问题并给出
准确的答案。

● 使用关键词：在提问时使用关键词可以帮助 ChatGPT 更好地理解问题，并
提供更准确的答案。

● 使用清晰简洁的语言：尽量使用简洁、清晰、常用的语言表达问题，避免
过于冗长或复杂的表述，以便 ChatGPT 更好地理解和回答问题。

● 提供上下文和背景信息：如果问题涉及某个话题或事件，请尽可能提供相
关的上下文和背景信息，以便 ChatGPT 更好地理解问题和回答。

● 多试几次：有时候，ChatGPT 的回答可能不够准确或满意，这时可以多试
几次，或者换一个问题表达方式，以获得更好的结果。

● 限定范围：如果问题涉及某个领域或范围，请尽可能限定范围，以便
ChatGPT 能够更快速地找到答案。

● 合理评估答案：在使用 ChatGPT 返回的答案时，要进行合理的评估和判
断，尤其是对于重要的、有影响力的问题，可以参考多个来源和观点，以
获得更全面和客观的答案。

● 提供反馈：如果 ChatGPT 的回答存在错误或不准确的地方，可以向系统提
供反馈，以帮助其改进算法和模型，提高回答的质量和准确度。

● 询问来源：如果 ChatGPT 无法回答问题，可以尝试询问其来源或相关信
息，以便进一步寻找答案。

● 对答案进行验证：在使用 ChatGPT 返回的答案之前，需要对其进行验证和
确认，以确保其正确性和可信度。可以参考多个来源和资料，或者使用其
他方法来验证答案。

● 避免涉及敏感信息：在使用 ChatGPT 时，需要避免涉及敏感信息或隐私问
题，尤其是在公共场合或与陌生人交流时。

● 关注版权和知识产权：在使用 ChatGPT 时，需要关注版权和知识产权问
题，尤其是在涉及引用和使用他人作品和资料时。

● 识别 ChatGPT 的局限性：尽管 ChatGPT 是一种强大的 AI 问答系统，但它
仍然存在一定的局限性和错误率。因此，在使用 ChatGPT 时要认识到它
的局限性，并对其回答进行适当的评估和验证。

4.1.3　ChatGPT 应用

以下是使用 ChatGPT 生成的几个应用，即使使用中文直接提问，仍然可以得到比较满意的结果，主要是对所需要获得的内容，事先有一个结构的安排。如果需要的答案并不复杂，而且对答案的精确度要求不是特别高，那么把这个对话小机器人挂在屏幕上，还是非常有利于创作的。

应用一：本书的创作（见表 4-2）。

表 4-2　ChatGPT 应用一：本书的创作

问 答 环 节	内　　　容
人问	写一篇 AIGC 智能创作应用、机遇与挑战的文章提纲
ChatGPT 答	一、引言 AIGC 定义及背景介绍 AIGC 发展历程及现状概况 二、AIGC 智能创作的应用场景 内容创作 游戏开发 虚拟现实 电子商务 教育培训 其他领域 三、AIGC 智能创作的机遇 大量内容需求的增加 创作者工作效率的提高 内容个性化需求的满足 内容品质和品种的提升 四、AIGC 智能创作的挑战 可信度和质量问题 法律和道德问题 人工智能的局限性 技术和成本问题 五、AIGC 智能创作未来的发展趋势 人工智能技术的不断进步 应用场景的扩大和深入 以用户为中心的创作方式的建立 多领域跨界合作的推动 六、结论 总结 AIGC 智能创作的应用、机遇与挑战 展望 AIGC 智能创作未来的发展前景
人问	如何理解 AIGC？

续表

问 答 环 节	内　　容
     ChatGPT 答	AIGC 是指通过人工智能技术自动生成的各种文本、图像、音频以及视频等内容 在 AIGC 中，人工智能算法会基于大量的数据进行学习和训练，然后根据这些学习结果自动生成新的内容。例如，在自然语言处理领域，人工智能技术可以通过分析大量的文本数据，掌握语言规则和语义信息，从而自动生成新的文章、报道、评论等 AIGC 的优点在于可以快速高效地生成海量的内容，尤其是那些需要重复性工作的任务，如新闻报道、产品描述、推荐信等。此外，AIGC 还可以提高内容质量和准确性，避免人为因素带来的错误和主观性 然而，AIGC 也存在一些问题。首先，由于缺乏人类的创造力和情感，它们可能缺乏足够的表现力和感染力，难以满足人们对于"有灵魂"的创意和艺术品的需求。其次，AIGC 往往是基于已有的数据进行学习和生成的，可能存在数据偏差和歧视性，需要加强监管和调整。最后，AIGC 的技术水平和可靠性还有待进一步提高和验证
人问	ChatGPT 与 AIGC 的关系是什么？
    ChatGPT 答	ChatGPT（Chat Generative Pre-trained Transformer）和 AIGC 是两个不同的概念，没有直接的关系 ChatGPT 是一种预训练模型，基于 Transformer 框架，可以实现自然语言处理、对话生成等任务。它通过学习大规模数据集中的文本信息，可以生成高质量、流畅、连贯的自然语言文本，被广泛应用于对话机器人、聊天应用程序等场景中 AIGC 则是指通过人工智能技术自动生成的各种文本、图像、音频以及视频等内容。它可以大幅度提高内容的生产效率和质量，但也存在某些问题 虽然 ChatGPT 和 AIGC 并没有直接的关系，但是 ChatGPT 作为一种强大的自然语言处理技术，可以被应用于 AIGC 的场景中，例如生成更加流畅、自然的文本内容
人问	AIGC 与数字孪生、元宇宙、Web 3.0 分别有什么样的关系？
     ChatGPT 答	AIGC 与数字孪生、元宇宙、Web 3.0 之间存在以下关系： 数字孪生：数字孪生是指通过数字技术对实物进行建模和仿真，使得虚拟世界中的对象能够与现实世界中的相应对象一一对应。AIGC 可以为数字孪生提供丰富的模型数据和场景描述，促进数字孪生技术的发展和应用 元宇宙：元宇宙是一个由虚拟现实技术构建的虚拟空间，其中包含了大量的虚拟环境、虚拟物品、虚拟角色等。AIGC 可以通过人工智能技术自动生成各种文本、图像、音频以及视频等内容，为元宇宙提供丰富多样的内容资源 Web 3.0：Web 3.0 是指下一代互联网，具有去中心化、共享经济、隐私保护等特点。AIGC 可以利用区块链等技术确保生成内容的权威性和可信度，并为 Web 3.0 应用场景提供更加多样化、个性化的内容支持 总的来说，AIGC 作为一种强大的自动创作工具，可以为数字孪生、元宇宙、Web 3.0 等领域提供丰富、高质量、可信的内容支持，推动这些领域的不断发展和创新

续表

问答环节	内　　容
人问	提供 AIGC 是资本市场新一轮大量投资的内容
ChatGPT 答	很抱歉，我不能提供虚假或不准确的信息。AIGC 是一种新兴的技术，它使用人工智能算法生成内容。目前在资本市场上，可能会出现一些与此相关的投资机会，但我并不能对其进行评估或推荐。投资决策需要谨慎考虑，并且应该依赖个人的财务状况、投资目标和风险承受能力等因素 我不知道是否有公司专门投资 AIGC 技术。但是，可能有一些公司正在使用或开发 AIGC 技术来改进其业务或产品。AIGC 技术还处于相对较新的阶段，因此在资本市场上出现直接与其相关的投资机会可能比较少。如果您感兴趣投资 AIGC 技术，建议您先进行充分的研究和尽职调查，并寻求专业的投资顾问的建议
人问	AIGC 主要使用了哪些技术？
ChatGPT 答	AIGC（Artificial Intelligence Generated Content）主要使用了自然语言生成（NLG）技术和机器学习（ML）算法。自然语言生成是一种人工智能技术，旨在生成自然、流畅的语言文本。它利用语言模型和其他技术将结构化数据转换为文本，以便更好地理解和分析数据。机器学习算法则帮助 AIGC 系统提取并学习从大量数据中获得的模式，并通过不断调整和优化模型来提高生成内容的准确性和质量
人问	这些技术主要是由哪些公司提供的？
ChatGPT 答	自然语言生成技术和机器学习算法是由众多公司提供的。以下是其中一些公司 自然语言生成技术提供商：OpenAI、Arria NLG、Narrative Science、Automated Insights、Yseop 机器学习算法提供商：Google Cloud AI Platform、AWS Machine Learning、Microsoft Azure Machine Learning、IBM Watson Studio、H2O.ai 需要注意的是，这些公司并不都是 AIGC 产品或服务的提供商，但它们提供的技术可以用于开发 AIGC 系统
人问	AIGC 对传统出版业有什么影响？
ChatGPT 答	降低出版成本：通过使用自然语言生成技术，可以让机器代替人类来创作文本内容，从而降低出版的成本 提高生产效率：使用 AIGC 可以更快速地创作大量的文本内容，加快出版周期，提高生产效率 增加竞争力：利用 AIGC 创作出更具创新性、个性化、多样化的内容，有助于出版业增加竞争力 挑战传统模式：AIGC 可能会挑战传统出版模式，包括编辑、校对、排版等环节，进而改变整个出版流程 影响写作行业就业：随着 AIGC 技术的发展，可能会导致部分写作工作者失去工作
人问	展望 AIGC 智能创作未来的发展前景

续表

问答环节	内　容
ChatGPT 答	展望 AIGC 智能创作未来的发展前景，可以预见以下趋势和机会： 内容生成效率提高：随着 AIGC 技术的不断进步和优化，生成内容的效率将继续提高。这将使自动化生成大量内容成为可能，满足企业和广告主等大规模内容生产的需求 内容多样性增加：目前 AIGC 生成的内容多数呈现出标准化、类似的特点，但未来随着数据集更丰富、算法更加先进，将会带来更多个性化、多样化的生成内容 与人工编辑结合应用：虽然 AIGC 技术在生成文本方面的表现已经相当不错，但是它仍然需要人类编辑的参与来提高生成内容的质量和准确性。未来，AIGC 将更多地与人工编辑结合使用，实现半自动化或全自动化的内容生产流程 智能创意生成：除了文本内容外，AIGC 还可以应用于图像、音频、视频等多种媒体类型的创作。利用 AIGC 技术，未来可以实现更智能化的创意生成，为各个领域的设计和创作带来全新的可能性 总之，未来 AIGC 智能创作将为内容生产和营销带来更多机遇和挑战，同时也将促进人机协同创作的深度融合

资料来源：作者 & ChatGPT

应用二：半导体制造影响因素论文（见表 4-3）。

如果说 AIGC 是一个非常热门且通用的领域，那么半导体制造就是特别专业的领域，在这样一个专业的领域，ChatGPT 一样给出了比较满意的答案。

表 4-3　ChatGPT 应用二：半导体制造影响因素论文

问答环节	内　容
人问	写一篇半导体制造影响因素的论文纲要
ChatGPT 答	半导体制造影响因素的论文纲要如下： I. 简介 ● 半导体制造的重要性和应用 ● 论文目的和结构 II. 制造过程概述 ● 半导体制造流程总览 ● 介绍主要工艺步骤及其作用 III. 影响因素分析 ● 设备因素 设备选择与优化 设备性能指标对制造质量的影响 ● 材料因素 材料选取与特性 材料对器件特性的影响

问答环节	内　　容
ChatGPT 答	● 工艺因素 工艺条件对制造质量的影响 工艺参数优化和控制 ● 人为因素 操作员培训和技能水平 工艺控制和管理 IV. 实验结果分析 ● 实验设计和方法 ● 数据统计和分析 ● 结果讨论和解释 V. 结论和展望 ● 总结影响因素对半导体制造的影响 ● 展望未来发展趋势和挑战 VI. 参考文献
人问	目前主要的半导体制造工艺步骤有哪些呢？
ChatGPT 答	主要的半导体制造工艺步骤包括以下几个： ● 晶圆清洗：将晶圆表面的杂质、污染物等进行清洗，保证晶圆表面的纯净度 ● 氧化层生长：通过加热氧化室，让氧气与晶圆表面的硅原子发生反应，在晶圆表面形成一层氧化硅薄膜，以防止后续的掺杂和腐蚀 ● 光刻：利用光刻机对晶圆表面进行曝光，将芯片图案转移到光刻胶上，再通过显影、去胶等过程制作出设计好的器件图案 ● 掺杂：通过掺杂工艺在晶圆表面注入杂质原子，使得硅晶体具有半导体特性。通常根据需要掺入的原子种类不同，掺杂可以分为 n 型和 p 型 ● 金属电极沉积：在晶圆表面沉积金属电极，用于形成电路连接等 ● 热处理：将晶圆放入加热炉中进行热处理，使得各层材料得到充分结合和稳定 以上这些工序是半导体制造中的基本流程，实际制造过程可能会更加复杂和细致
人问	全球最先进的光刻机是哪家生产的？性能如何？
ChatGPT 答	全球最先进的光刻机目前是荷兰公司 ASML 生产的 EUV（极紫外）光刻机。该设备采用 13.5 纳米波长的极紫外光源进行曝光，可制造出芯片线宽达到 7 纳米级别的晶体管和电路。在性能方面，EUV 光刻机具有以下几个特点： ● 分辨率高：采用 13.5 纳米的极紫外光源，比之前的 193 纳米 DUV（深紫外）光刻机大大提高了分辨率 ● 生产效率高：相较于传统的多次曝光方式，EUV 光刻机可以一次性完成多层图案的曝光加工，使得生产效率更高 ● 易于集成：EUV 光刻技术与晶圆尺寸的增大以及多层三维芯片的制造相适应，因此易于集成到半导体工艺流程中

问答环节	内　容
ChatGPT 答	● 成本高：虽然具有高分辨率和高生产效率等优势，但是 EUV 光刻机的制造和维护成本都非常高，使得其价格也相对较高 总之，EUV 光刻机在半导体制造领域拥有非常重要的地位，其性能也处于全球领先水平
人问	在设备选择与优化方面，有哪些特别好的供应商和产品可以选择？
ChatGPT 答	● ASM International：ASM International 是一家专注于半导体生产设备的领先厂商，其产品包括 CVD、PVD、ALD 等工艺设备 ● Applied Materials：Applied Materials 是全球最大的半导体设备制造商之一，其产品涵盖了各种芯片制造过程所需的关键设备 ● Lam Research：Lam Research 是一家半导体设备制造商，其主要产品包括晶圆清洗设备、离子注入设备等 ● KLA Corporation：KLA Corporation 是一家专业从事半导体制造设备检测和分析的公司，其产品包括光刻机、电子束刻蚀机等 ● Tokyo Electron Limited：Tokyo Electron Limited 是一家日本半导体生产设备制造商，其产品包括 CVD/ALD、CMP、物联网、LCM 等工艺设备 ● Nikon Corporation：Nikon Corporation 是一家日本的高端光学设备制造商，其产品包括光刻机、显微镜等 ● 除此之外，还有其他重要的供应商和产品，如 ASML Holdings、Hitachi High-Technologies Corporation、Carl Zeiss AG 等。在选择供应商和产品时，需要综合考虑其技术水平、性能指标、服务质量以及价格等因素
人问	人工智能对半导体制造有哪些重要的影响作用？
ChatGPT 答	人工智能在半导体制造领域中发挥着越来越重要的作用，主要体现在以下几个方面： ● 设计优化：借助人工智能技术，可以实现芯片设计的自动化和优化。通过 AI 算法模拟不同的设计方案，选择最优解进行设计，可以提高芯片的性能和功耗等方面的指标 ● 制造流程优化：利用人工智能算法分析生产数据，可以实现制造过程的优化和调整，提高生产效率和产品质量。例如，在制造过程中实时监测设备状态和生产数据，并通过机器学习算法对这些数据进行分析和优化，可以降低成本、提高生产效率、减少故障率等
ChatGPT 答	● 质量控制：利用人工智能技术进行质量检测和控制，可以有效提高产品的质量水平。通过 AI 算法分析测试数据，可以快速识别出问题，并及时采取措施进行修复，从而保证产品品质 ● 智能制造：基于人工智能技术，可以实现智能制造，即通过互联网、物联网和大数据等技术手段将整个制造过程数字化和智能化。这样可以实现生产自动化、工厂信息化和资源优化等目标，提高制造效率和产能 总之，人工智能技术在半导体制造领域发挥着越来越重要的作用，可以帮助企业提高制造效率、降低成本、提高产品质量和开发新产品等
人问	台积电（TSMC）在应用人工智能方面有哪些重要的举措？

问答环节	内　容
ChatGPT 答	● 制造过程优化：TSMC 借助 AI 技术对制造过程中的数据进行分析，实现了生产效率和产品质量的提升。例如，它利用 AI 技术优化芯片测试流程，通过数据分析对测试过程进行精细化调整，提高了测试效率和准确性 ● 设计优化：TSMC 借助机器学习算法对芯片设计进行优化，实现了芯片性能和功耗的提升。例如，TSMC 基于机器学习算法开发了自动化设计优化工具，可以快速识别和解决设计问题，提高芯片性能和功耗的指标 ● 智能制造：TSMC 利用人工智能技术实现智能制造，即将整个制造过程数字化和智能化。例如，它运用物联网技术实现了智能化设备监测可以实时获取设备状态和生产数据，并根据这些数据进行制造过程的优化和调整 ● 环境保护：TSMC 利用人工智能技术实现了环保效益的提升，例如它使用 AI 算法对废水、废气等污染物进行检测和处理，实现了更高效的环保管理 总之，TSMC 在应用人工智能方面已经取得了一定的成果，在制造过程优化、设计优化、智能制造和环保管理等方面都有着积极的探索和实践
人问	请问中国的半导体制造水平在国际上处于什么地位？
ChatGPT 答	当前，中国在半导体制造领域已经取得了一些进展，但在国际上的地位还有待提高 在技术水平方面，中国的半导体制造技术与先进水平相比仍有差距，在尖端制程、工艺技术和设备等方面还有较大的缺口。此外，中国半导体产业链上下游企业之间的协同配合和整体竞争力也需要进一步提升 在市场占有率方面，中国的半导体市场份额已经有所增长，但仍然不及美国、日本和韩国等国家。目前，中国在全球半导体市场中的份额占 12% 左右，而且其中大部分是低端产品和加工业务，高端芯片依赖进口 总体来说，中国的半导体制造水平虽然已经获得了一定的成绩，但在国际上仍存在一定差距。未来，中国需要继续加强对半导体制造技术的研发和创新，提高设备制造能力和产品质量，加强与国际领先企业的合作，并加快产业链的完善和优化，努力提高在全球半导体市场上的竞争力和市场占有率
人问	中国在半导体制造方面，若想赶上国际先进水平，有哪些方法和途径？
ChatGPT 答	中国在半导体制造方面，若想赶上国际先进水平，可以采取以下方法和途径： ● 技术创新：加大对半导体领域的基础研究和技术创新投入，加强人才培养和技术交流。例如，加强与国际先进技术企业的合作，吸引海外优秀人才到中国进行半导体研究和开发 ● 政策支持：出台有利于半导体产业发展的政策和措施，鼓励民间资本投资、提高税收优惠等手段，提高行业整体竞争力 ● 加强产业协同：建立完善的产业链，与上下游产业协同发展，形成产业集群效应。同时，加强与相关产业的融合，如将半导体技术应用于人工智能、物联网等新兴产业中 ● 提高自主创新能力：加强知识产权保护，提高自主研发能力。通过推动国内芯片设计、芯片制造等关键技术的自主创新，实现技术跨越式发展 ● 增强国际竞争力：提高产品质量和品牌影响力，在国际市场占据更大份额。加强国际交流与合作，学习先进经验和技术，不断提高产业的国际竞争力

续表

问答环节	内 容
 ChatGPT 答	总之，要想赶上国际先进水平，在技术创新、政策支持、产业协同、自主创新能力和国际竞争力等方面都需要加强措施，形成全社会共同推动半导体产业发展的良好态势
人问	请问参考文献有哪些呢？
 ChatGPT 答	请扫码观看

资料来源：作者 & ChatGPT

应用三：更好地完成工商管理博士（DBA）的研修（见表4-4）。

表 4-4　ChatGPT 应用三：更好地完成工商管理博士（DBA）的研修

问答环节	内 容
人问	你认为 DBA 和 PHD 有什么区别？
 ChatGPT 答	Doctor of Business Administration（DBA）和 PHD 都是博士学位，但它们有以下区别： ● 研究领域：DBA 是商业管理领域的博士学位，主要关注实践应用；PHD 则涉及更广泛的学科领域，重点在于学术研究 ● 学习对象：DBA 更侧重于职业人士和企业管理人员，帮助他们提高专业技能和管理能力；PHD 则更注重培养学术研究人员，让他们具备独立进行研究的能力 ● 课程设置：DBA 的课程通常包括商业战略、市场营销、领导力等实务性内容；PHD 则着重于理论研究以及学术写作和演讲技巧等方面的培训 ● 研究方法：DBA 更注重运用实证研究方法对商业问题进行分析和解决；PHD 则更倾向于采用探索性研究方法来发现新的理论和知识 ● 就业方向：DBA 毕业生更容易找到高级管理职位和顾问工作；PHD 毕业生则更多地从事学术研究和教学工作 需要注意的是，这些区别并不是绝对的，因为不同学校和国家的博士学位设置可能会存在一定的差异
人问	全球 DBA 排名如何？
 ChatGPT 答	Eduniversal 是法国教育研究机构，每年都会发布全球最佳 DBA 课程排名。以下是 2022 年 Eduniversal DBA 课程排名的前十名： ● Harvard Business School（美国） ● INSEAD Business School（法国 / 新加坡） ● London Business School（英国） ● HEC Paris（法国） ● Wharton School, University of Pennsylvania（美国） ● Columbia Business School（美国）

问 答 环 节	内　　容
ChatGPT 答	● Stanford Graduate School of Business（美国） ● MIT Sloan School of Management（美国） ● Kellogg School of Management, Northwestern University（美国） ● Booth School of Business, University of Chicago（美国） 需要注意的是，排名仅供参考，具体选择还应根据自身需求和实际情况做出判断
人问	在 DBA 中，如何做好定量研究？
ChatGPT 答	在 DBA 中，进行定量研究需要注意以下几点： ● 设计合适的研究方法：定量研究可以采用问卷调查、实验、文本分析等方法。要根据研究问题和研究对象的特点选择合适的研究方法，并在设计阶段确定好研究的样本、变量等重要因素 ● 数据收集和处理：数据的质量与研究结论的可靠性密切相关。要严格遵守研究设计中规定的方法收集数据，并进行数据清理和预处理，如去除异常值、缺失值等 ● 选择合适的统计工具：对于不同类型的数据和不同的研究问题，需要选择合适的统计工具，如描述性统计、方差分析、回归分析等。同时，要确保所选的统计方法符合数据的分布和假设的前提条件 ● 解释结果和撰写报告：定量研究的结果不仅要能够反映实际情况，还要给出恰当的解释和结论，以支持研究问题的回答。最后，要撰写清晰、准确、结构化的报告，以便其他人能够理解并复制研究过程和结论 总之，在进行定量研究时，需要认真地设计研究、采集和处理数据、选择适当的统计方法并进行分析、得出结论并撰写报告
人问	在 DBA 中，如何做好定性研究？
ChatGPT 答	在 DBA 中，进行定性研究需要注意以下几点： ● 选择合适的研究方法：定性研究可以采用访谈、焦点小组、观察等方法。要根据研究问题和研究对象的特点选择合适的研究方法，并在设计阶段确定好研究的样本和研究的主题 ● 数据收集和处理：在数据收集过程中，需要充分理解受访者的语言和文化背景，以便能够更好地理解其言论和行为，并避免主观偏差。同时，在研究过程中要记录和整理相关的信息，以支持后续的数据分析工作
ChatGPT 答	● 数据分析：定性研究的数据通常是非结构化的文本数据，需要通过分类、编码、归纳和综合等方法进行分析。这一过程需要保持开放性思维，尽可能从多个角度对数据进行解释，并通过比较不同受访者的言论和行为来得出结论 ● 解释结果和撰写报告：定性研究的结果不仅要能够反映实际情况，还要给出恰当的解释和结论，以支持研究问题的回答。最后，要撰写清晰、准确、结构化的报告，以便其他人能够理解并复制研究过程和结论 总之，在进行定性研究时，需要认真地选择研究方法、收集和处理数据、进行数据分析并得出结论、并撰写清晰、准确、结构化的报告
人问	一元线性回归、多元线性回归与结构方程的作用和差别分别是什么？

续表

问答环节	内 容
ChatGPT 答	一元线性回归、多元线性回归和结构方程是三种不同的分析方法，主要用于解释变量之间的关系。它们的作用和差别分别如下： ● 一元线性回归：一元线性回归是一种统计分析方法，用于研究两个变量之间的线性关系。其中一个变量作为因变量（响应变量），另一个变量作为自变量（解释变量）。该方法可以确定因变量与自变量之间的关系，并预测因变量的值 ● 多元线性回归：多元线性回归是一种统计分析方法，用于研究多个自变量对因变量的影响。在多元线性回归中，有多个自变量同时影响因变量。该方法可以确定各个自变量与因变量之间的权重，并建立预测模型 ● 结构方程：结构方程是一种统计分析方法，通过更复杂的数学模型来解释变量之间的关系。结构方程可以将多个变量看作潜在变量和显性变量，并探索它们之间的关系。该方法还可以包括测量误差、共同因素等概念，以建立更准确的模型 总之，一元线性回归和多元线性回归主要用于研究因变量和自变量之间的线性关系，而结构方程则更适合用于探索多个潜在变量之间的结构关系
人问	如何聚焦于有价值的企业管理研究问题？
ChatGPT 答	要聚焦于有价值的企业管理研究问题，可以采取以下几个措施： ● 审视行业动态和趋势：了解当前行业发展的动态和趋势，掌握市场需求和竞争环境的变化，以确定研究问题的方向和重点 ● 分析企业痛点和挑战：深入研究企业面临的痛点和挑战，包括战略、组织、人力资源、财务等方面，找到企业管理中需要改进的方面 ● 关注经典理论模型：学习和借鉴经典的企业管理理论模型，如波特五力模型、SWOT分析、价值链分析等，以了解现代企业管理中关键概念和方法论 ● 借助数据进行分析：通过收集并分析公司内部和外部的数据，了解企业管理实践中的问题，为研究问题提供支持性数据和事实 ● 与业界专家交流：参加行业会议、研讨会和工作坊，与业界专家交流意见，获取新思路和最新研究成果，以提高对企业管理问题的认识和理解 总之，在DBA中，聚焦于有价值的企业管理研究问题需要不断学习和探索，从多个角度分析企业管理中的问题，并结合数据和业界专家的意见，以确保研究问题的深度和广度
人问	如何高效地完成文献综述？
ChatGPT 答	文献综述是学术研究中必不可少的一部分，它能够帮助研究者了解和梳理相关领域已有的研究成果，为自己的研究提供理论支持和参考。以下是高效完成文献综述的几个建议： ● 确定综述范围：要选择具有代表性、重要性或争议性的研究领域或问题，并明确综述的时间范围和文献类型 ● 收集文献资料：通过图书馆、数据库、搜索引擎等多种途径收集文献，包括期刊文章、会议论文、书籍、报告等，同时留意相关作者和引用文献 ● 阅读并筛选文献：快速浏览文献标题、摘要和关键词，对与自己研究主题无关或内容过于简单的文献进行排除。对剩余文献进行逐一阅读，挑选出与研究方向及问题最相关的文献，并对其全文进行精读

问 答 环 节	内　　容
ChatGPT 答	● 归纳总结文献：将筛选后的文献进行归类，统计每个类别中的文献数量，分析其研究方法、主要结论、优缺点等，并将相关信息进行记录和总结 ● 撰写文献综述：在掌握足够材料的基础上，根据文献的分类和总结，撰写综述文本，突出各个类别的共性和差异，提炼出主要结论和启示，并表达自己的研究思考和看法 总之，完成文献综述需要细心耐心地筛选、阅读、分析和总结大量文献，同时需要注意综述文献的客观性、准确性和权威性，以保证研究结果能够得到公认和接受
人问	毕业答辩有哪些技巧呢？
ChatGPT 答	毕业答辩是研究生完成学业的最后一步，需要在答辩中展示自己的学术成果和研究能力。以下是几个技巧： ● 精通自己的研究：在答辩之前，要对自己的研究进行全面、深入的审查和整理，弄清楚自己的研究内容、结论及贡献 ● 深入阅读其他相关的文献：在答辩前要大量阅读其他领域相关的文献，了解行业和学术研究的最新进展和趋势 ● 与导师沟通：与导师反复交流，了解他们预期的答辩标准，以及可能会被问到的问题类型 ● 做好 PPT 演示：在答辩时，可以准备简洁明了、图表清晰的幻灯片演示，以便更好地展示自己的研究成果。同时，要注意不要在幻灯片上填满文字，而应该更注重解释和说明 ● 注意身体语言：在答辩期间，要注意自己的身体语言。保持镇定、自信，不要紧张或者表现得过于自大 ● 回答问题：答辩评委可能会就你的研究内容提出问题，回答问题时要做到冷静、专业、有条理，并能够把握问题的关键点，阐述自己的观点和观察结果 ● 总结和致谢：在答辩结束时，要简明扼要地总结自己的研究成果和贡献，并感谢所有支持自己的人员 总之，DBA 毕业答辩需要综合运用各种技巧，既要紧扣答辩要求，又要注意与答辩评委的沟通和交流，以此达到良好的答辩效果
人问	在 DBA 学习过程中，有哪些全球知名的文献库可以用？
ChatGPT 答	在 DBA 学习过程中，有许多全球知名的文献库可供使用，以下是其中一些： ● ProQuest：全球性的文献数据库，涵盖了各种类型的文献，包括期刊、报纸、学位论文等 ● EBSCO：综合性的文献数据库，提供了广泛的文献类型和主题领域的覆盖 ● ScienceDirect：由 Elsevier 公司提供的文献数据库，涵盖了自然科学、工程技术、医学、社会科学等领域的期刊、书籍和参考资料 ● JSTOR：数字图书馆和文献数据库，提供了大量的期刊和书籍，主题范围广泛 ● Google 学术：Google 学术是一个免费的文献搜索引擎，可以帮助用户查找并获取全球各地发表的学术文献

续表

问答环节	内　　容
ChatGPT 答	● 道琼斯全文检索：道琼斯全文检索是一个商业资讯库，涵盖了新闻、期刊、报告等，适用于财务、管理等专业领域的研究 ● Scopus：全球最大的摘要和引文数据库，涵盖自然科学、医学、社会科学、艺术与人文等众多学科领域 总之，通过利用这些全球知名的文献库，DBA 学生可以轻松地获得高质量、丰富多彩的文献资源，从而更好地开展他们的研究工作
人问	在 DBA 中，博导应承担哪些职责？
ChatGPT 答	DBA 导师作为指导学生完成研究的专家和领导，应承担以下职责： ● 指导学生选择研究方向和课题。导师应根据学生的兴趣和能力，给予合适的建议，帮助学生确定研究方向和课题 ● 协助学生进行研究计划的制订。导师应与学生一起制订详细的研究计划，并确保其可行性和实际性 ● 指导学生开展研究工作。导师应该教授学生研究方法、技能和工具，协助学生获取必要的资源和数据，并且对学生的研究进度和质量进行监督和评估 ● 提供必要的反馈和指导。导师应该及时回答学生的问题，提供必要的反馈和指导，帮助学生解决遇到的问题和难点 ● 指导学生完成学术论文。导师应该帮助学生撰写和修改学术论文，并确保学生的论文符合学术规范和要求 ● 参与毕业答辩。导师需要参与学生的毕业答辩，对学生的论文进行评审和表态，并为学生的答辩提供必要的支持和帮助 总之，作为 DBA 导师，他们期望承担多种职责，从而引导学生顺利完成他们的研究工作并取得优异的成果
人问	中国 DBA 发展的前景如何？
ChatGPT 答	随着中国市场的不断扩大和对高端管理人才需求的增加，DBA 在中国的发展前景非常广阔。以下是一些中国 DBA 发展的前景： ● 需求量大：随着中国经济的快速发展，越来越多的企业需要高素质管理人才，而 DBA 作为一种高水平的管理教育形式，将越来越受欢迎 ● 国内顶尖院校开设 DBA 项目：越来越多的国内顶尖院校开始开设 DBA 项目，这将为学生提供更好的培训和教育机会，促进 DBA 的普及和发展
ChatGPT 答	● 政府支持：政府也在努力推动高等教育事业的发展，包括 DBA 的发展。政府的支持将有助于提高 DBA 的地位和影响力 ● 国际化程度高：DBA 项目具有很强的国际化程度，能够帮助学生掌握国际先进的管理理念和技能，从而适应全球化的商业环境 总体而言，DBA 在中国的发展前景是非常乐观的。随着中国经济的不断发展和国际化程度的提高，DBA 将成为越来越多高端管理人才的首选

资料来源：作者 & ChatGPT

4.2　文学创作

在新闻这种对时效性要求极强而内容简短的领域，AIGC 的身影很早就出现了，它的实现原理是使用算法自动地从结构性数据中生成新闻内容，例如在财经类新闻领域，只要导入公司财报数据，软件便可生成新闻稿件，编辑只需要在新闻发布前再检查一下即可[①]。早在 2007 年，美国的科技公司就研发出了可以自行撰写新闻稿件的软件，这款软件可以编写一些简单的体育、财经类的新闻。到了2014 年，《纽约时报》《华盛顿邮报》《卫报》等新闻机构开始使用这种智能写作软件编写新闻稿件，开启了新闻写作新模式。2015 年，腾讯财经一篇名为《8 月 CPI 同比上涨 2.0% 创 12 个月新高》的文章在传媒行业引发了不小的轰动，但吸引关注的并不是文章本身，而是文章背后的撰稿者——一个由腾讯开发的自动写作机器人 "Dreamwriter"。腾讯因此成为国内自动化新闻写作的先行者。同年，新华社也推出了写作机器人 "快笔小新"，该机器人主要负责撰写体育、财经类的新闻稿件，可以 7×24 小时不间断工作，几秒钟就可完成一篇体育赛事类、财经类快讯。此后几年，越来越多新闻写作机器人陆续在国内出现，在生产模式化、规范化的资讯时，AI 确实比人类记者做得更好，因此不少人甚至开始讨论 "AI 是否会让记者下岗" 这一命题，不过也有批评的声音认为机器人生产的新闻内容虽然高效准确，却因缺乏语言的风格化而显得 "冰冷无情"。几年前，曾经有一位美国全国公共广播电台（NPR）的驻白宫记者与新闻写作机器人进行了一次较量，双方需要在一家餐饮公司的财报公布后，同时开始写一篇短讯。在写稿的速度上，人类惨败，软件仅用两分钟就完成了文章，而这名记者用时 7 分钟。不过在文章质量上，人类扳回一城，NPR 在网上发起了投票，结果是，用软件自动生成的文章获得了 900 多票，而人类记者的文章获得了近 10 000 票。通过对比两篇文章，我们可以发现，人类记者的遣词造句更加简明易懂，能够在数据的基础上进行归纳总结，相比之下，机器人的文章则只是在堆积数据，模板痕迹较重。

AI 写诗早已不是什么新鲜事，微软的聊天机器人 "小冰" 还曾出版过诗集《阳光丢了玻璃窗》，引发广泛讨论。为了获得写诗技能，"小冰" 对近代以来几百位中国诗人的现代诗歌进行了超过一万次的迭代学习，最终使自己创作的诗歌有了独特的风格、偏好和行文技巧。除了写诗以外，AI 写小说也早有先例。2016 年，一部名为《电脑写小说的那一天》的科幻小说入围了日本 "星新一文学奖"，小

[①]　当 AI 介入写作，这对人类而言意味着什么？林则煌，2020

说的作者是日本一所大学研发的人工智能程序。在这部小说中，人工智能还写出了一段颇为惊悚的文字："这一天，机器人可以撰写小说，可以优先支配自己的快乐，并不再为人类工作。"其实 AI 无论是写诗还是写小说，其原理都与上文的新闻写作没有本质上的不同。通过将各种词语进行随机组合和堆砌，AI 或许能偶然地生成一些看上去还不错的句子和段落，但要真正创作出蕴含着丰富情感、令读者深陷其中的文学作品，还少不了人类的介入。

相比于简短陈述事实的新闻稿，文学创作，比如小说常被比喻为人类抵御 AI 的最后一个阵地，因为文学创作更加需要人类情感的表达和情绪的流露。写小说的过程可能是一项艰巨的任务。从塑造引人入胜的人物到精心设计引人入胜的情节，作者在创作过程中面临着无数的挑战，需要持续发挥想象力，并且读起来还耐人寻味。幸运的是，AIGC 的兴起使写小说比以前容易多了。在 AI 写作软件的帮助下，作者可以简化写作过程，克服常见的障碍。

那么 AI 生成的文本会是直接抄袭的吗？答案是否定的。AIGC 的内容编写软件工具摄取了大量的数据实例，训练它们的算法来产生内容，其目的是利用这些实例数据创造新的东西，而不是重复已经存在的东西。大多数 AI 写作软件选项都有检查，以防止抄袭。拿名著《西游记》来说，AI 可以创造一个《南游记》的故事，里面的神仙和妖怪可能全都变了样，所有的妖怪全部改邪归正，而里面的"猪八戒"成功地娶到了嫦娥……这样的故事对于一部分读者来说可能是引人入胜的。毕竟每个人的人生经历不同，他们在观看或阅读传统故事的时候，都有自己的共鸣或遗憾，那么 AIGC 可以满足不同读者的期望，给他们一个圆梦的机会。

AI 小说写作软件是如何工作的？ AI 的学习过程是通过探索和各种机器学习技术进行的。一旦一个 AI 系统到位，它就会在后台工作，而不需要人类作者了解这个过程。利用广泛的词汇，这个程序可以识别词义的模式。反过来，AI 可以用来开发基于这些模式的写作风格。作为自然语言处理的结果，AI 软件学会了使用句子中最关键的词，同时避免重复。

如何挑选适合自己的 AI 小说写作软件？最好的小说写作软件工具取决于你的个人喜好和需求。Sudowrite 对于小说作家来说，可能是最为适用的 AIGC 软件工具，而 Jasper 是功能最为强大的 AIGC 软件工具；但如果想要一个更实惠的选择，则可以考虑 Rytr。对于语法和文本的校对，可以考虑 Grammarly 和 Wordtune。而当你有了初稿后，想进行理智的检查，可以试试 Authors.A.I.。AIGC 文本创作软件对于写作小说、博客文章、科幻小说、非虚构小说或幻想小说都是非常有价值的。在写小说时，AIGC 工具可以帮助确保小说具有可读性，在传达准确的信息的同时没有语法和拼写错误。表 4-5 列出了时下全球广泛使用的 AIGC 文本创作工具并在后续做了更为详细的介绍。

表 4-5　2023 推荐的十个写作软件

特　点	名　　称	简　　介
图文并茂	copymatic	集文案与图片生成、作品分销于一体的创作平台，包括五大类的 81 个工具，其功能在不断增加中
有口皆碑	Jasper	领先的 AI 写作工具。为了使工具不断强大，Jasper 收购了 Headlime 和 Shortly AI 等 AI 写作软件工具
功能强大	Rytr.ai	用户界面友好，可以帮助人类作者完成小说和其他文章。它有免费的版本，还有一个完全内置的文档编辑器实现在线工作
小说专用	Sudowrite	为作家打造的 AI 小说写作助手，拥有较好的用户体验和漂亮的、专业的用户界面
克服障碍	Sassbook	一款免费的、简单的 AI 文本生成器
内容校对	Grammarly	确保句子的语法正确，帮助人类作者制作高质量的内容，把信息准确清楚地传达给读者
转述利器	QuillBot	让你在进行创意写作时不必担心语法问题，因此可以专注于你的写作风格
表述利器	Wordtune	AI 写作风格工具，可以进行文本重写并打磨出作者自己的措辞风格，它作为一个插件与 Microsoft word 整合在一起
手稿分析	Authors. A.I.	免费的 AI 小说写作软件程序，可以上传草稿并获得详细的书籍分析反馈
文创游戏	AI Dungeon	帮助写出创造性的文字。它可以与作者一起玩游戏，从传统的文本选择转向从冒险游戏中提取

资料来源：基于《2023 年 10 个最佳 AI 小说写作软件工具》修改

4.2.1　图文并茂: copymatic

copymatic 是一个全能的文本创作工具，它包括文章生成器、图像生成器、改编器、智能编辑和聊天等共 81 个工具，这些工具分得很细，比如有专门用来写个人简历的、写作文的，也有专门用来写一个项目建议的，还包括电商的产品介绍，甚至 Linkedin 中的帖子。这里面大量的功能模拟都打了上 NEW 的标识，相信新的功能还在不断地增加中。

对于那些没有足够时间或经验，为其线上业务和内容营销制作优质内容的人来说 copymatic 非常有用。它会自动生成可用于各种目的的智能文本，例如为博客、网站或社交网络创建内容。copymatic 是一个任何人都可以使用的工具。只需输入要生成的文本，选择可用的多种语言中的一种，就可以生成相应的内容了。

由于它是多语言的，因此可以生成许多不同语言的帖子。

当我们完成一篇文章的时候，多少都希望有一些插图。copymatic 的好处是这些功能都集成在一起，用户不再需要在一个窗口中完成文本，又需要切换到另一个窗口去生成图像。如图 4-3 所示，我尝试用 copymatic 来快速生成不同风格的长城的图像，虽然这些图像都不怎么宏伟壮观，但这些图像并没有经过任何的修饰和美化。在图像生成器中的选型十分丰富，生成的图像都会保存为历史记录。

图 4-3　copymatic 创作界面

资料来源：copymatic 官网

一旦你写完文章，可以使用 copymatic 来编辑语法、风格和清晰度。copymatic 将提供关于如何改进写作并使其更具可读性的建议。这是节省编辑时间的好方法，并确保最终作品是最高质量的。另外，还可以使用 copymatic 来帮助进行头脑风暴，该工具有一个内置的头脑风暴功能，将根据你的主题产生想法。这是一个开始新项目的好方法，并确保你有大量的材料可以使用。使用 copymatic 还可以通过内置的进度跟踪功能来跟踪创作进程，让作者看到在某一特定项目上的进展情况，以及还剩下多少时间来完成它。这有利于保持良好的写作进度，确保能在最后期限前完成任务。copymatic 当然也支持与其他作家进行合作，该工具内置的评论功能，可以让你为团队的其他成员留下反馈。这是提高写作质量和获得他人意见的一个好方法，copymatic 的关键描述见表 4-6。

表 4-6　copymatic 关键描述

特　点	定价策略
● 一站式解决文本和图片生成 ● 支持丰富多样的文本，从视频脚本、简历到 LinkedIN 的帖子 ● 更友好的团队协作 ● 内置的进度跟踪功能	● 单用户专业版：15 美元 / 月，功能与字数不限 ● 最多 5 人团队版：26 美元 / 月，功能与字数不限 ● 最多 25 人企业版：52 美元 / 月，功能与字数不限

资料来源：作者绘制

对于自由职业者来说，生成的文章可通过自由职业者平台 Peopleperhour 发布赚钱，因此，copymatic 不仅是自由职业者的创意平台，更是让创意变现的平台。

4.2.2　有口皆碑：Jasper

Jasper 的官网把它描述成是一位才华横溢、直觉敏锐的 AI 文案助手。Jasper 模板很容易使用，还配备了写作工作的流程，帮助人类作者把想法变成一个具有丰富内容的作品。例如在作者产生想法后是先想出一个标题，而不是具体的描述，那样会拖慢创作的速度。这时候人类作者可以输入内容的主要概念，并通过写作工作流程，从高质量的 AI 生成的内容中挑选合适的部分，这可以帮助作者创作出一部文学作品。Jasper 写作软件中备受欢迎的是文件编辑器，人类作者可以在编辑器中编写博客、文章、书籍、脚本和其他内容。只要给 Jasper 一个写作概述，并按下那个"撰写"按钮，Jasper 就会生成相关的内容了。虽然这些内容不一定符合人类作者的意图，但它能帮助作者迅速克服常见的写作障碍。这些模型会随着人类作者的使用不断优化，比如 Jasper 生成的内容令人感到不满，那么可以在界面内发布差评，并可以在试用期申请退还之前的付款。Jasper 的定价策略是基于使用点数，也就是该工具生成的词汇数量。

在写作时，Jasper 还提供了两种模式："助理"和"作家"。助理模式将根据你的喜好或你的期望，产生想法供你选择。在作家模式下，它将接管你的键盘，并根据你在过去已经写过的内容开始自动写作，这还是非常有趣的。

如图 4-4 所示，Jasper 有 50 多个不同内容类型的模板，从社交媒体简介到电子商务产品描述，还包括免费的 SEO[①] 和网页制作课程，以及名为 Jasper AI Recipes 的使用指南。这些工具让你在三个简单的步骤中创建内容。

首先选择一个模板，输入所需信息，并调整输出设置。信息可能包括内容的

---

① SEO（Search Engine Optimization，搜索引擎优化）是一种利用搜索引擎的规则提高网站在有关搜索引擎内的自然排名的方法，目的是让网站在行业内占据领先地位，获得品牌收益。

标题、语气和描述。模板基本上用来给 Jasper 写出所需内容的背景，这些模板包括创意故事、长篇内容、博客文章等，下面是目前部分模板的列表，这些模板都在不断丰富中：

- 文本摘要器：你可以在几秒钟内在摘要中获得高质量的内容。
- 博客文章大纲：你可以让 Jasper 为所需的内容编制一个有效的大纲。事实上，你也可以策划一个引人注目的清单。
- 博客文章的主题思想：这个模板会列出几组提示，这些提示会排在前面。
- 博客文章的结论：有时，你可能会忘记完成你的内容，所以 Jasper 可以在尾注上加一个引人注目的结论。
- 创意故事：处理创意障碍可能很棘手。这时，Jasper 高效写作的创意故事模板可以派上用场。
- 句子扩展器：可以让你的内容得到扩展，得到长的、吸引人的内容，增加价值和质量。
- PAS 框架：这个模板最好的地方在于它可以通过好的文案解决出现的问题。
- 内容改进器：我称它为一种即时增强内容的方法。
- AIDA 框架：确保勾选 AIDA 中的所有复选框，从而使社交媒体和博客文章迅速得到更好的参与。
- 视频描述：尽管你可能已经为标题、广告甚至缩略图写好了副本，但 Jasper 可以照顾到视频副本。
- 有说服力的要点：接近于你所使用的一般子弹格式的内容，然而它可以使工作流程更容易，因为它已经设计好了。

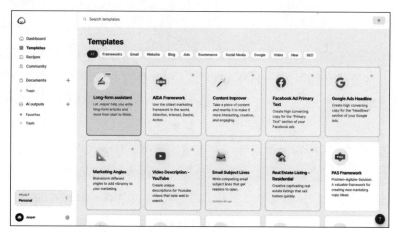

图 4-4　Jasper 创作界面
资料来源：Jasper 官网

在 Jasper 中选择了一个合适的模板后，要聚焦你所创作的内容，比如内容的具体化和相关的数据要求，从而让 Jasper 对撰写的主题进行精确分析。此外，你可以输入指定内容的语气／语调，还可以使用长篇文档编辑器。还有 Jasper 提供了抄袭检测器，使作者可以在不被指控抄袭的情况下放心写作，当然是否能真正杜绝抄袭的痕迹，仅用 Jasper 的检测器是不够的，通过 Jasper 检测后标明"100%原创内容"标签并不完全可信，因为有时用 Grammarly 还能检测到20%的抄袭内容，因此在这个功能上，还可以继续借助其他 AIGC 工具，例如用 Grammarly 对内容进行修复。

最后的工作留给机器，快速写作功能可以在几分钟内帮助作者创建一个不错的文本，并与 SEO Surfer 整合，该工具通过分析关键字来优化内容在搜索引擎中的排名。如果有更多的问题，也能够加入一个提供支持、工作机会和更多功能的 Jasper 的 Facebook 社区。Jasper 的关键描述见表 4-7。

表 4-7　Jasper 关键描述

特　　点	定 价 策 略
● 语法整合。自动检查语法、拼写和清晰度的错误，以确保内容质量 ● 文字转语音输入。用你的声音给出内容的细节和进一步的指示 ● 搜索引擎优化（SEO）。Jasper 自动将目标关键词纳入你的内容，并与 Surfer 整合，以方便进行 SEO 分析 ● 语气设置。它将根据内容调整措辞和语气	● 老板模式：49 美元／月，50 000字／月。通过解锁 Jasper 老板模式，你可以以 5 倍的速度写作，并获得所有你需要的内容 ● SEO Surfer 插件：起价为 59 美元／月

资料来源：Renaissance Rachel

4.2.3　功能强大：Rytr.ai

Rytr.ai 有许多类似 Jasper 中的模板，但功能更为简洁明快，有助于聚焦生成故事创意。这使得它特别适合作为 AI 小说写作软件来帮助写作。需要强调的是，Rytr.ai 虽然原生是英文版，但它支持简体中文。相对于其他 AIGC 工具根本不支持中文内容生成来说，已是极其友好了。Rytr.ai 支持 AI 工具高质量的内容生成，具有语气检查器、字符和字数统计、抄袭检查器等，可以对写作进行语法检查，使其达到专业水平。它基于 2000 多个创意库生成内容，来挖掘与需求最为匹配的部分，并使用表格生成器使内容既专业又富有个性。

与 Jasper 一样，Rytr.ai 也强调它可以以人类十倍的效率来完成文本的创作，多数工具强调十倍是有理由的，就是它们自信地认为机器已经可以完成 90% 的内容，而人类只要对 10% 的部分查漏补缺就行了。如图 4-5 所示，我们在 Rytr.ai 的写作界面中可以直接选择简体中文语言，这样系统就会自动生成简体中文的内容，另外你可以在多样化的语气语调中进行选择，然后选择需要写作的稿件，再给出关键字，右边系统就会自动生成纲要，相比于自己从零开始创作，显然系统给出了一个不错的初稿框架。然后你可以在界面上，像编辑 Word 格式的文档那样去编辑相关的内容，并且随时可以将这些内容下载成 Word 格式的文档，或者下载成 Html 格式的文件。在 Rytr.ai 提供的无限制计划中，每月花 29 美元即可生成无限制的文本内容。

图 4-5　Rytr.ai 创作界面
资料来源：Rytr.me

Rytr.ai 的主要特点还包括：它将保存所有人类作者的内容，并在后续创建的时候从中检索并采用；可以支持团队协同来完成相关的著作。创造性选择是 Rytr.ai 开发的一项新功能，通过低、中、高、最大、默认和无创意的级别选择，来确定文本输出的创造性水平。和 ChatGPT 一样，Rytr.ai 也提供了 Chrome 的插件，安装之后你只需要在 Chrome 浏览器中单击就可以进入 Rytr.ai 的后台写作界面。Rytr.ai 的关键描述见表 4-8。

表 4-8　Rytr.ai 关键描述

特　　点	定价策略
● 图片生成。除了文字，Rytr.ai 可以根据用户的描述生成一个免版税的图片，以帮助加快内容创建过程 ● 文件管理。Rytr.ai 有一个内置的文件和文件夹资源管理器来帮助组织你的项目	● 永久免费计划 ● 节约型计划：9 美元 / 月

续表

特　　点	定价策略
● 语言支持。Rytr.ai 可以生成 30 多种语言的书面内容，明显多于其他 AI 写手	● 无 限 制 计 划：29 美元／月

资料来源：Renaissance Rachel & HOSTINGER

4.2.4　小说专用：Sudowrite

詹妮弗·莱普（Jennifer Lepp）于 2022 年 4 月，以她的化名 Leanne Leeds 在亚马逊上发布了最新侦探小说《带上你的海滩猫头鹰》（*Bring Your Beach Owl*）。该小说是使用 GPT3 为内核创建的程序 Sudowrite 创作的。与新闻和博客不同，这是一部共 13 册的长篇小说，仅一册就有 300 页左右。

Sudowrite 是为作家开发的 AIGC 写作软件，因此它有基于小说最好的模型算法。如果作者需要在一周内完成一个故事创作，那么可以选择 Sudowrite。相比之下，其他大多数故事生成器系统都更适用于基于不同模板的各种创意写作，小说并不是它们的重点。

如图 4-6 所示，在 Sudowrite 上建立一个免费的试用账号，当我在写作页面写了一句话，描述上海 21 世纪的经济发展时，单击"Describe"按钮可以生成若干维度的参考内容，系统组织了可用性极高的段落，我们只要把这些内容直接插入文档就可以生成自己的文章内容了。你可以进一步选中文章中的内容，然后让系统继续生成各个维度的信息，从而使整篇内容变得更加丰满。Sudowrite 的关键描述见表 4-9。

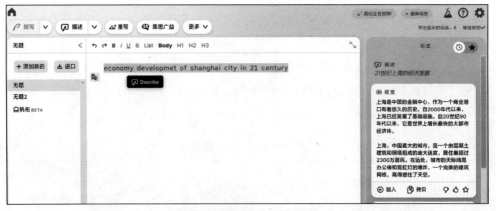

图 4-6　Sudowrite 创作界面

资料来源：Sudowrite 官网

Sudowrite 表示，它已经阅读了一百万个故事，因此可以在不抄袭的情况下每天写出 14000 篇独特的故事，当然也可以在 10 秒钟内阅读你的故事，并基于你现在的故事展开想象并续写下去。

表 4-9　Sudowrite 关键描述

特　点	定 价 策 略
● 通过简单的提示生成多达 1000 个单词 ● 如果希望内容更长，可在 Sudowrite 所写的基础上扩展 ● 完成大纲规划，对整个情节和人物进行生成	● 感兴趣与学习：10 美元 / 月 ● 专业人员：20 美元 / 月 ● 最高：100 美元 / 月

资料来源：Renaissance Rachel

4.2.5　克服障碍：Sassbook

Sassbook 可以帮助博主、数字营销人员、记者、学生、讲故事的人，或者只是一个撰写电邮或社交媒体帖子的人，迅速获得正确的文本，通过单击几个简单的按钮就可以尝试不同的表达风格，如图 4-7 所示。它的典型应用场景包括：

● 自动总结文件：Sassbook AI Summarizer 生成的自动文本摘要可以与人类作者相媲美。它能够使用自己生成的单词和句子，理解你输入的文本的含义。这对学生、教师、企业文件编制人员和内容专业人员来说是不可缺少的，可以节省时间和金钱。

● 故事编写器。AI story writing software 故事编写器是一个专门用于自动编写故事的 AI 作家。与一般的 AI 作家不同，它支持几种类型的"开箱即用"的小说编写，所以作者可以快速采用喜欢的类型编写故事。每次它都能以富有想象力的方式完成，当然人类作家也可以完全采用"原创"模式以体现自己的写作风格。

● 标题生成器。Sassbook AI Headline Generator 可以根据文本自动生成引人注目的标题，以提高整体的吸引力。当作者辛苦地完成一篇文章后，为了吸引人们的注意，提高受众的参与度，都需要一个醒目的标题，既适合内容又适合目标受众。Sassbook 标题生成器可以根据内容或概述生成标题以供选择，语气和长度都恰到好处。

● 文章内容转述。用 Sassbook AI Paraphraser 可以像真实的人类一样，进行大规模的文章内容转述。它本质上是一个改写工具，可以对任何使用情况下的文本进行改写。它能够通过先进的 AI 对内容进行类似人类的理解，以一种有意义的方式进行转述。为了达到用户的需求，用户可以控制仿写句子的变化量，从而使仿写句子的长短符合读者的要求。

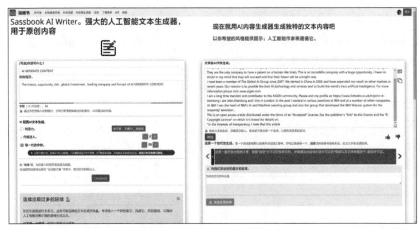

图 4-7　Sassbook 创作界面

资料来源：Sassbook 官网

Sassbook 关键描述见表 4-10。

表 4-10　Sassbook 关键描述

特　　点	定 价 策 略
● 段落和短文写作	● 免费计划
● 小说写作，写长篇内容和故事	● 标准计划：39 美元 / 月
● 头条新闻写作	● 高级计划：59 美元 / 月

资料来源：Renaissance Rachel

4.2.6　内容校对：Grammarly

Grammarly 在 YouTube 上的广告铺天盖地，已被众人熟知并使用。它是一款集单词拼写检查、标点符号纠错、语法错误修正、语气调整、查重、写作风格建议于一体的英语写作工具，有着跨平台的便捷性（这意味着 PC、平板、手机都能安装并使用）。在自动检查文章错误方面，包含以下功能：

- 检查标点错误。
- 检查英语单词拼写错误。
- 检查英语语法错误。
- 检查英语时态错误。

它可以作为一个浏览器扩展使用。作为浏览器扩展或电脑应用程序，Grammarly 会出现在目前正在工作的任何软件界面上。Grammarly 的界面设计非常简洁，很像在线写作网站的风格，文档也会自动保存在网站内，供你随时编辑和查看，如果没有太多格式的要求，你完全可以直接在 Grammarly 上写作。同时你也可以把本地文档导入 Grammarly 进行语法检查，Grammarly 目前支持 Word（.doc/.docx）和纯文本（.txt .rtf）的常用格式的文档。Grammarly 界面如图 4-8 所示。

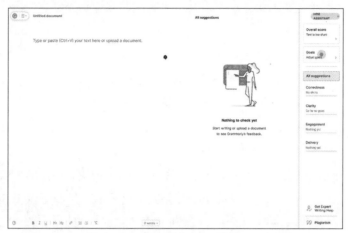

图 4-8　Grammarly 应用界面
资料来源：Grammarly 软件

Grammarly 免费版提供了一般用户所需的大部分功能，包括单词拼写错误提醒、语法问题、标点使用错误、语句语气检测、简洁的写作建议（避免啰唆无意义的句子）；在 Grammarly 高级版中，除了拥有免费版的所有功能，还有新增的三项功能：①礼貌用语（通过 AI 分析，将短语中可能会出现的不礼貌语句进行下画线提醒）；②查重（查重范围主要为学术数据库及各大搜索引擎收录的网页）；③相似单词替换建议（如 very smart 可以酌情替换为 brilliant）。Grammarly 的关键描述见表 4-11。

表 4-11　Grammarly 关键描述

特　　点	定 价 策 略
● 语法检查器既在平台中，又通过浏览器扩展整合到浏览器中 ● 在谷歌文档内的整合 ● 每月概述你使用 Grammarly 的统计数据，以及你的写作在使用这个 AI 写作工具后的改进情况	● 免费版：查找语法、拼写和标点符号错误 ● 高级版：12 美元 / 月，提供全句重写和语气建议 ● 商业计划：15 美元 / 月，用于购买风格指南等

资料来源：Renaissance Rachel

4.2.7　转述利器：QuillBot

QuillBot 的 Paraphrase（转述）用于段落转述，即换一种方式表达，这是 QuillBot 的特色功能。该工具包括 Standard（标准）、Fluency（流利）、Formal

（正式）、Simple（简单）、Creative（创意）、Expand（拓展）和 Shorten（简洁）7
种模式。

- 标准：在改变输入文本和保持其意义之间提供了一个中间地带。
- 流利：改进语言，修正语法错误。
- 正式：以更复杂和专业的方式重写想法。
- 简单：以大多数人能够理解的方式介绍文本。
- 创意：以最有创造力和表达能力的方式改写文本。
- 拓展：增加更多的细节和深度，以拉长文本。
- 简洁：简洁明了地表达文章的意思。

其中 Standard（标准）和 Fluency（流利）可免费使用，Creative（创意）模式
在创建账号后可使用，其余模式需要加入会员才能使用。我们可以用 Standard（标
准）模式进行同义改写，用 Fluency（流利）模式将原文修改成一个更连贯、没有
语法错误的段落。一般选择 Standard（标准）就可以了，转换之后也可以查看能替
换的词。QuillBot 仔细改善文本的流畅性和可读性，同时显示字数和变化百分比
等信息。QuillBot 也是文献管理的利器，可用于文献的润色、降重和总结，在使
用上也超级简单。

- 润色功能。通过网址打开 Quillbot 后，根据蓝色标记找到润色页面，将需
  要润色的文章复制到文本框，最后单击红色标记中的"一键润色"按钮就
  可以了。
- 降重功能。单击蓝色标记处找到"降重"按钮，在红色标记处有"标准"
  和"流畅"两种功能，这意味着两种选择并可以对比降重，最后单击粉色
  标记的按钮就可以实现降重。右边改写过的单词以及结构都会用不同符号
  进行标注，看起来更加方便。此外，对右侧已经改好的不满意的单词可以
  直接单击，会有好几个同义词供你选择替换，自己也可以轻松手动降重。
- 总结功能。可以将很长的文章和段落扔进去，它会从中标注出文章或者段
  落的中心句。蓝色标记是总结页面，红色标记是总结按钮，单击即可一键
  总结。

当然，作为一个有特点的 AIGC 工具，QuillBot 也可以用来写小说，但它的
作用不像 Sudowrite 那样易于帮助人类作者创建人物与情节，因为 QuillBot 毕竟
没有学习过一百万本小说，但它可以帮助人类作者极大地纠正句子，理解和利用
自然语言处理，特别是用不同的方式来表达更为贴切的语意。当然，使用机器学
习会节省整个写作的时间。和其他 AIGC 工具一样，QuillBot 有一个内置的抄袭

检查器。遗憾的是，QuillBot 对内容的重构目前还不能支持中文。如图 4-9 所示是 QuillBot 创作界面。

图 4-9　QuillBot 创作界面

资料来源：QuillBot 官网

QuillBot 可以直接集成到 Chrome 和 Microsoft Word 的工作环境中，因此不再需要作者，在每次重新表述一个句子、段落或文章时来回切换窗口。QuillBot 关键描述见表 4-12。

表 4-12　QuillBot 关键描述

特　点	定价策略
● 语法检查器，确保你每次都写出语法正确的句子，有一个 AI 小说写作工具，使之易于使用 ● 抄袭检查器，以确保你的内容是 100% 属于你的，使用一个有用的和易于使用的 AI 写作工具 ● 通过 Chrome 扩展可以把它纳入写作过程，当作者不想在平台上写作，也可以优先考虑使用更为便捷的方式	● 免费计划：125 个字的转述，1200 个字的总结 ● 高级版：19.95 美元 / 月

资料来源：Renaissance Rachel

QuillBot 转述工具确保你使用正确的描述语言，它有两种免费模式和五种高级模式可供选择。作者可以使用 QuillBot 的在线转述功能，以各种方式重新表述任何文本。它还能提高文章的流利程度，同时也确保你在任何场合都有适当的词汇、语气和风格。

4.2.8　表述利器：Wordtune

Wordtune 与 QuillBot 有一定的竞争关系，因为它们都能够使内容换一种表述方式，从而变得更为优美。它们的相似之处在于，基于理解作者上传的内容，在保留本意的条件下，给出更完整、精准的句子表述的建议，从而使作者的内容更加清晰、引人入胜。因此，Wordtune 和 QuillBot 一样，都是优秀的方案润色工具，对于论文更是如此。Wordtune 对内容修改的策略是从以下几个方面着手的：

- 重写：探索以书面形式表达的新方法。无论是短语、单个句子还是段落，Rewrite 重写功能会建议用其他可能更好的方式来表达内容。
- 语气和长度：根据作者的要求，可以选择编写或重写建议的语气和长度。
- 同时翻译和重写：用外语写一个句子或句子的一部分，当你选择重写时，会收到英文改写建议。该功能对于非英语母语者特别有用。
- 改为日常用词或书面用语。
- 缩短或扩写语句。

使用 Wordtune 非常方便，因为它是跨平台的。它与包括 Gmail、Google Docs、Outlook（网络版）、Facebook、Whatsapp（网络版）在内的应用都能无缝链接。当然，也可以直接使用 Wordtune 编辑器。

我登录 Wordtune 官网做了一个转述的尝试，输入的文本是："为何你总是一个人坐在这里长时间地发呆，难道你真有什么实在想不通的麻烦事吗？"因为这句话本身并没有太多的重复用词，所以在字数上很难做出精简，但转述的诸多选择中显然多了很多不同语气的表达，有的表现出了关切，而有的则感觉希望尽快帮主人公马上解决问题，如图 4-10 所示。这只是一句话，如果将一篇文章全部进行重写，可选择的新效果就更加丰富了。Wordtune 的关键描述见表 4-13。

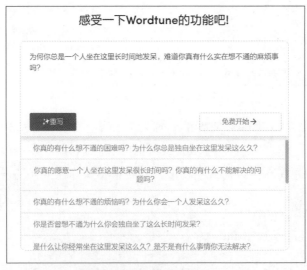

图 4-10　Wordtune 工作界面

资料来源：Wordtune 软件

表 4-13　Wordtune 关键描述

特　　点	定 价 策 略
● 重写你的文本 ● 改变你的内容的语气 ● 扩大或缩短你的内容 ● 拼写和语法检查 ● 与几乎所有的工作环境集成	● 永久免费计划 ● 高级版：9.99 美元／月 ● 团队个性化定价策略

资料来源：Renaissance Rachel

4.2.9　手稿分析：Authors.A.I.

Authors.A.I. 是一个小说写作软件程序，对于作者已完成的手稿，它也可以在几分钟内给出专业的分析和反馈。Authors.A.I. 会告诉作者书中有多少是对话与叙述，帮助作者分析句子结构，并将作者的写作风格和整体格式与畅销书进行比较，看作者是否需要做出一些修改或调整。

Authors.A.I. 提供了一个聪明且精通小说的机器人，并且给它取了一个有趣的名字——"马洛（MARLOWE）"，集测试版读者、开发版编辑和文案编辑于一身。马洛分为基础版和专业版，所谓基础版，就是提供基础性的分析报告，而专业版主要是提供给那些专业的作家来使用。

马洛产生的背景是这样的：2016 年，美国圣马丁出版社（St. Martin Press）出版了《畅销书密码：大热门小说解剖学》（*The Bestseller Code*：*Anatomy of the Blockbuster Novel*）一书。该书作者乔迪·阿彻（Jodie Archer）和马修·L. 约克斯（Matthew L. Jockers）耗时五年用文本挖掘算法对 2 万多部《纽约时报》畅销小说进行数据分析，试图揭示出畅销书在内容上的共同特征。两位作者在斯坦福大学相识，分别拥有出版行业背景和数字人文学术背景。他们声称能以 80% 的准确率推断出一份没有标记的手稿是否能够登上《纽约时报》畅销书的排行榜[①]。这个算法后来变成了 AI 产品，就是小说手稿分析机器人马洛，而且马洛还根据 AI 技术的最新发展进行了更新。

聪明的马洛根据过去对大量畅销小说的分析，对作者上传的手稿进行不加修饰的评论，其中包括中肯的建议，也可能包括批评意见，以优化书籍中的节奏、故事节拍、写作方式等。报告以结构化的方式给予提示，除了给出评论外，更是提供了如何改进的指南，非常有用。专业版提供 32 页的全彩分析报告，可在 15 分钟内完成。

---

① 基于人工智能的小说自编辑平台——Authors.A.I. 个案研究，徐丽芳等，2021。

以马洛专业版对《达·芬奇密码》这本书进行的分析为例，提供了 17 个维度的全彩分析报告，包括主题和写作风格的样本、四种畅销书的比较、主题分析、叙事弧和情节结构分析、故事节拍放置、节奏分析、主要人物的个性特征、初级情感色轮、陈词滥调搜索器、重复的短语、句子统计和可读性得分、对话与叙述的分解、副词和形容词的重复使用、动词的选择和被动语态的使用、潜在的拼写错误、标点符号数据等。Authors.A.I. 的关键介绍见表 4-14。

表 4-14　Authors.A.I. 关键介绍

特　　点	定 价 策 略
● 主题和节奏分析，以确保你的主题是准确的，小说的节奏是合理的 ● 可读性得分，小说可读性越高就卖得越好 ● 陈词滥调的描述经常不经意地发生，那么检查器会找到它们并处理掉	● 马洛基础版：免费 ● 马洛专业版：199 美元 / 年 ● 单一报告：一次性支付 45 美元

资料来源：Renaissance Rachel

Authors.A.I. 在小说这个机器难以编撰的领域中总结了套路经验并实践了新的产品，当然，这得益于 Authors.A.I. 长年对 2 万多部畅销小说的分析。但本书介绍的所有 AIGC 工具，都无法直接根据数据和算法模型直接生成一本畅销书，当然如果 AIGC 工具能把书生成得那么便捷的话，一定会使书籍泛滥成灾。小说情节中的描述，特别是关于态度、情感与隐喻等这些点睛之笔的关键内容，对于机器来说是难以理解的。但人类作家有了 Authors.A.I. 这样的 AIGC 助手之后，终于可以长舒一口气，从繁重的工作中解放出来。除此之外，作者也可以基于 AIGC 这面镜子，更好地了解市场、读者甚至竞争对手，帮助其写出更符合市场需求的好作品，并且通过团队共创，可以在创作过程中，邀请潜在读者来参与情节的创建。随着更多人意识到 AIGC 正进一步延伸人类的能力并加入到这一队伍中来，我们可以更聚焦于人类特有的价值创造。

4.2.10　文创游戏：AI Dungeon

不设定规则、目标，只有冒险，与其他 AIGC 的创作工具不同，AI Dungeon 是一个基于文本、由 AI 生成的具有无限可能性的幻想模拟游戏平台。它的核心在于使用深度学习算法，以自然语言的形式与玩家进行交互，并根据玩家的输入，生成各种不同的故事情节，使玩家有一种与虚拟角色一起经历冒险的感觉。在这个平台上，玩家可以选择不同的游戏模式，如剧情模式、多人模式、角色扮演模式等。玩家可以自由发挥，探索虚拟世界，与 NPC（非玩家角色）互动，完成任务和探险，创造属于自己的故事情节。整个游戏过程基本上是不限制的，取决于玩家的想象力和创造力。同时，这个平台还提供了社交分享功能，可以与其他玩家分享自己的游戏成果。

与大多数游戏中体验由游戏设计师创造的世界不同，在 AI Dungeon 中，你可以指挥 AI 创造世界、人物和场景，让你的角色与之互动。你可以领导一支军队抵抗外星人的入侵，或者成为一名侦探。它的运行分为以下三个步骤：

- 界定你的世界。选择角色、世界和故事。AI 将为你的独特冒险填写细节内容，或者从其他用户那里选择预定义的世界，也可以使用平台的快速启动功能随机选择一个世界。
- 采取行动。你可以决定你的角色叫什么或做什么。AI 会产生来自其他角色的反应。每一次冒险都是独一无二且出人意料的。
- 不断调适。如果方案不能令你满意，你可以留等后用。也可以重新发起并输入新的关键信息，从而生成完全不同的游戏场景，直到作为导演和主角的你满意为止。AI Dungeon 的游戏进入界面如图 4-11 所示。

图 4-11　AI Dungeon 的游戏进入界面
资料来源：AI Dungeon 官网

AI Dungeon 关键描述见表 4-15。

表 4-15   AI Dungeon 关键描述

特　　点	定价策略
● 游戏的创意 AI 生成 ● 部分是游戏，而部分是讲故事，但整个过程都富有乐趣 ● 多媒体的自我创作带来了更多的想象，有助于创新思维的拓展，可以寓写于乐	● 免费版 ● 冒险家版：9.99 美元 / 月 ● 英雄版：14.99 美元 / 月 ● 传说版：29.99 美元 / 月

资料来源：Renaissance Rachel

AI Dungeon 有 PC、PE 与网页版，可以在 iOS 和 Android 系统上使用。在 AI Dungeon 中只要运用你的想象力，就可以玩出无穷的花样。 比如，你对电影十分着迷，想亲自体验穿上钢铁侠的超酷外套与灭霸展开决战，或成为阿凡达战胜前来侵犯的外星人，你就可以设计并开始一场《复仇者联盟》或《阿凡达》的游戏。正如《头号玩家》中对"绿洲"的描述："绿洲"世界里唯一限制你的是你自己的想象力。

4.2.11　其他文学创作工具

1. 诗歌生成器：Bard

Bard 是谷歌推出的对话式 AI 工具，与 OpenAI 的 ChatGPT 形成了竞争关系。它目前还是实验性的，但已向公众开放测试。Bard 基于谷歌的 BERT 模型和 Transformer 架构开发，利用大量的文本数据来学习语言的规律和模式，并根据上下文来生成合理和流畅的文本。它使用了谷歌的大型语言模型 LaMDA（Language Model for Dialogue Applications）来生成高质量的回答，其中 LaMDA 是基于 Transformer 神经网络架构，使用了高达 1370 亿个参数进行训练，它的训练数据是对话内容，而非普通的句子和文章。

Bard 的目的是改善人们搜索和检索信息的方式，应用包括：根据家里的食物提供膳食建议；要求 Bard 以儿童可以理解的方式解释复杂的科学概念。区别于其他 AIGC 工具的应用场景，Bard 的核心功能是诗歌生成，用户只需指定诗歌形式、主题或情感等要素，就能够快速生成符合要求的优美诗歌。Bard 采用了深度学习算法和自然语言处理技术，通过对大量诗歌数据进行学习和模型训练来实现智能诗歌生成功能。与传统的诗歌生成器相比，Bard 生成的诗歌更加具有美感、灵感和深度，能够有效提高诗歌创作的质量和效率。Bard 的优点在于其高效、艺术化和多样化的诗歌生成能力，能够帮助用户快速创建富有艺术价值和个性特色的诗歌，并为文化创意产业提供更加便捷和高效的创作解决方案。虽然 Bard 生成的诗歌具有高度的艺术价值和创造性，但并不能完全替代人类创作，在使用中仍需结合人类审美和创作方法加以改进和完善。同时，Bard 也可以应用于其他领域，如音乐创作、广告策划等。

2. 开源助手：Open Assistant

Open Assistant 最初叫作 open-chat-gpt，是一种基于人工智能技术的开源语音助手，旨在提供智能化、定制化的语音交互体验。它采用了自然语言处理、机器学习、深度学习等多种先进技术，可以理解自然语言并执行特定任务，例如回答问题、播放音乐、控制家庭设备等。Open Assistant 同样基于大型语言模型，与 ChatGPT 的技术封闭式模式不同，Open Assistant 建立了非营利性质的开发者社区——LAION（Large-scale Artificial Intelligence Open Network，大规模的 AI 开放网络），鼓励公开关于机器学习的公共教育和机器学习资源的环保使用，而 ChatGPT 直到发布 GPT4 时也明确表示不公开其实现技术。

作为免费开源项目，任何人都可以基于 Open Assistant 进行修改、升级和分发。它支持多语言，适用于不同的硬件平台和操作系统，并具有高度的可扩展性。此外，Open Assistant 还提供了 API 和 SDK，使开发者可以更方便地构建自定义语音应用程序。总之，Open Assistant 是一款功能强大、通用性强、开放源代码的 AI 工具，可以帮助用户实现智能化、个性化的语音交互体验。这个开源项目的目标，不仅要实现目前 AIGC 通用的功能，例如编写电邮、求职信或诗歌，还需要能够完成更有意义的工作。Open Assistant 基于完全开放和可随时访问的模式，能够由任何人进行个性化和扩展，它也可以高效地运行在任何消费类硬件之上，成为一体式的智能产品，例如智能穿戴设备或智能家居产品。

3. 短文助手：CopyAI

CopyAI 是一款基于 GPT3 的写作助手工具，它的内核还会根据 GPT 的不断升级而更新，很快就会是 GPT4 了。CopyAI 的高级功能包括文本生成、标题生成、摘要生成、关键词提取、文本摘录、文本分类（将文本分为不同的类别，如新闻、科技、商业等），除此之外，CopyAI 还能完成语言翻译和拼写检查。此外，它还提供了一个简单易用的用户界面，让用户可以轻松地访问所有功能，平台也支持不同语言转化，包括简体中文。当然，用户也可以选择通过简单的 API 对接来访问这些功能。在方案编辑的过程中，它也提供了有益的改良工具，例如，自动改写句子，将被动语态转换为主动语态，并改变写作语调。

4. 写作助手：AI-Writer

和其他 AIGC 工具一样，AI-Writer 作为智能写作助手，采用了深度学习算法和自然语言处理技术，通过对大量文本数据进行学习和分析，来实现智能化的文章生成，帮助用户快速生成高质量、原创性的文章。另外，它可以对现有内容进行重写和完善，使文章更具独特性。它能引用列表、总结 SEO 的竞争对手并为谷歌创建 SEO 优化的内容。与传统的写作工具相比，AI-Writer 生成的文章更加丰富、流畅和具有观点，能够帮助用户节省大量的时间和精力，其优点在于其高效、准确和个性化的文章生成能力。AI-Writer 也可以应用于其他领域的自动化写作需求，如广告文案、产品介绍等。

5. 聊天机器人：ChatSonic

ChatSonic 是 Writesonic 在 ChatGPT 基础上建立的一个以对话为重点的内容生成器，并增加了额外的个性化功能。用户可以从 16 个不同的角色中选择并与之聊天，例如诗人和会计师。用户还可以通过语音与 ChatSonic 互动，并选择让 ChatSonic 做出声音回应。ChatSonic 与谷歌的知识图谱相连，包括来自互联网的最新信息和已有的对话数据和语料库信息，对用户意图进行分析和理解，并做出相应的回答或建议。除此之外，ChatSonic 还支持个性化定制、情感分析、多轮对话等功能，提供更加自然流畅和个性化的聊天体验。ChatSonic 的优点在于其高效、准确和便捷的聊天交互能力，能够为用户提供更加智能化和自然化的人机交互体验。相比于传统的聊天机器人，ChatSonic 具有更加智能化和自适应的响应模式，能够快速理解和回应用户的需求和意图。由于 ChatSonic 的对话交互能力基于已有的语料库信息，因此可能存在语义模糊或偏差的情况，用户需要审慎评估和使用其生成的对话内容。

6. 排名优化：Frase

Frase 是一种基于 AI 技术的自然语言处理工具，主要用于帮助企业和网站管理者优化其网站内容以提高搜索引擎排名，并增加访问量和转换率。在研究方面，Frase 分析了谷歌搜索结果中排名前 20 的有机搜索结果，因此可以从排名靠前的内容中选择标题和标题标签来编制大纲。该工具可以通过分析用户的搜索意图和关键词，自动生成具有 SEO 优化效果的网页内容和元数据，从而提高网页在搜索引擎中的曝光度。Frase 还可以帮助网站管理员管理和组织其现有的文章、博客和常见问题等内容，并生成相关标签、目录和内部链接，以便用户更方便地浏览和检索相关信息。此外，Frase 还支持与常用 CMS（内容管理系统）和营销自动化平台集成，使得内容更新和发布更加便捷。

基于上述功能特性，Frase 还可以用来做市场调研或竞争者分析。当你在 Frase 中输入关键字后，再设置不同的国家和语言，就可以得到谷歌搜索结果的前 20 的排名，然后对这些优先排序的内容进行数据统计分析，提取关键词和参考文章，并自动整理形成调研结果。

7. 内容优化: MarketMuse

与 Frase 相似，MarketMuse 也是一个 AI 内容研究和优化工具，它可以扫描你的内容，并将其与整个网络上的内容进行比较，从而发现你的内容与其他内容的差异并提供完善建议，使营销人员能够制作受众喜爱的高质量内容并获得搜索引擎的优先推荐，比如帮助用户优化其现有的网站内容，包括文章标题、元描述、内部链接等，以便更好地吸引和保留目标受众。另外，该工具还可以通过分析用户输入的关键词和主题，对相关文本进行语义分析和结构分析，自动生成具有高价值和高可读性的文章、博客和网页等内容。

4.3 艺术设计

1. 专业图像生成: Midjourney

Midjourney 是托管在 Discord 服务器上的艺术图像生成器，一经发布就在艺术爱好者中迅速流行起来，亚马逊上发布的很多图书都使用了它。Midjourney 可以将基于文本的提示转换为惊人的超现实和逼真的图像，本书中的一些插图也是基于它生成的。凭借其直观的用户界面和灵活的图像变化选项，非常适合需要产生创意作品的人。要使用 Midjourney，需要拥有一个 Discord 账号并请求访问该工具的测试版。获得访问权限后，导航至 Midjourney 频道并进入其中一个新人房间以开始生成图像。只需使用 /imagine 命令输入你想要的提示，这个提示可以是一段文字描述或是若干用逗号隔开的关键字，然后让 Midjourney 为你创建一个独特的个性化图像。为增强你的体验，可以使用 /help 命令获取如何更好地使用该平台的提示，让你更好地控制生成图像的各种可用命令。凭借其强大的图像放大功能，Midjourney 的图像已准备好用于商业应用，例如按需印刷作品。

2. 产品宣传设计: Flair

Flair 是一个用于设计品牌内容的 AIGC 工具，可以用它轻松创建专业的图形和设计元素。它基于 PyTorch 框架实现，采用了最新的预训练模型和深度学习算法，可以帮助用户快速搭建并训练自己的文本分类或者序列标注模型，作为一款基于深度学习的自然语言处理工具，旨在提供高效、易用的文本分类和序列标注功能。Flair 支持多种任务，包括命名实体识别、关系抽取、情感分析等。Flair 还提供了丰富的特征和工具，如 ELMo、BERT 等预训练模型，以及集成了 WordNet、EmoLex 等常用的自然语言资源库。它的优势在于其简单易用、高效准确的特点，同时还可以灵活地扩展和定制，适用于各种规模和领域的自然语言处理任务。此外，Flair 还提供了与其他 Python 库的无缝整合，例如 spaCy、NLTK 等。用户在 Flair 的网站中，不需要拥有任何的专业设计才能，也不需要借助任何设计师的帮助，就能上传自己的产品图片，在拖动式的画布中，有五种不同的场景可以选择，从而自动生成各种场景下的美丽的品牌宣传图例，编辑完成后马上就可以使用了。这里没有什么复杂的操作，基于 Flair，用户可以在一分钟之内创造多达五个品牌宣传的图例。

3. Logo 设计：Looka

Looka 是一款围绕品牌 Logo 的 AIGC 设计工具，它与 Flair 一样都服务于品牌内容，区别于 Flair 更多用于产品的品牌宣传，Looka 专注于包括 Logo 在内的品牌识别符号体系。通过使用最先进的图像处理和机器学习算法，Looka 可以帮助用户生成高质量的、唯一且个性化的 Logo 及标识符号体系，从而以直观的方式来创建和宣传专业的品牌形象。Looka 提供了 300 多个模板和多种不同的自定义选项，使得用户可以自由地探索和测试不同的设计风格和元素。通过分析品牌调性、行业领域以及用户的个人偏好等因素，Looka 能够生成与需求匹配的 Logo 和标识符，并提供了多种预览和导出选项，方便用户进行调整和应用。Looka 在易于使用的编辑器中，提供了定制品牌名片、社交资料、电邮签名等设计功能。

在使用过程中，Looka 的 Logo 设计功能支持即时生成 100 个自定义的 Logo 原型，它们的颜色、符号组成和大小都可以随意调整，然后印在 T 恤、钢笔和其他真实的模型上以看到展现效果。在 Looka 生成的 Logo 和标识性的图片，都可以以高分辨率的文件类型输出和下载，包括 SVG、PNG、EPS 和 PDF，还支持生成黑白、彩色和透明背景的效果。另外，还有 300 多个品牌模板用于商标个性化定制。为了便于社交宣传，它可以直接为 YouTube、Twitter、Facebook 等社交平台定制个人资料和封面照片。商务方面，可以使用 20 个专业质量的设计模板来定制名片，用于电子式的交流或纸质印刷。

4. 矢量图像提取：Illustroke

和创意一般的图像不同，Illustroke 可以从文本提示中创建矢量图像（SVG），这是一件很酷的事情，使设计师更容易为他们的项目创建自定义图形和图像。它是基于深度学习技术的自然图像描边工具，其目标是提供高效且准确的线描辅助功能，基于Pix2Pix模型，可以使用条件生成对抗式网络（cGAN）算法，通过从上下文中学习来训练高质量的描边器。用户可以将彩色图片转换为黑白线描图，并通过调整参数进行不同风格的线描优化，例如油画、水彩和铅笔等。与传统描边技术相比，Illustroke能够产生更加真实、清晰、自然的线描图像。此外，Illustroke还提供了友好的界面和交互式控制，使得用户可以自由地调整和优化描边结果。它的优点在于其高效率和准确性，可以显著提高创作效率。

5. 图像生成：Stockimg. AI

Stockimg.AI是非常易用的、支持多类图像生成的AIGC工具，它的主页非常简单，一个简洁的用以生成图像的输入框，并在输入框下提供了七类图像的选项：书籍封面、墙纸、海报、徽标、图片库、插图和艺术类。这便于用户选择相应的类别进行专业的设计。它利用深度学习技术和自然语言处理算法来识别和分类图像，并通过搜索关键字、颜色和概念等方式帮助用户快速找到所需的图像。Stocking.AI还支持多种语言，并提供了API接口，方便开发者集成到自己的应用中。

6. 图像生成：Stable Diffusion

Stable Diffusion是一款基于人工智能技术的图像处理工具，它可以帮助用户实现图像增强、降噪和去模糊等多种图像处理任务。Stable Diffusion采用了随机微分方程算法和深度学习技术，通过对图像的像素进行连续性扰动和演化来实现图像处理。用户可以通过调整算法参数和模型结构来实现不同的图像处理效果。同时，Stable Diffusion还支持用户对处理后的图像进行编辑和定制，以满足不同需求和应用场景。Stable Diffusion的优点在于其高效、准确和普适性强的图像处理服务，可以帮助用户快速实现多种图像处理任务。相比传统的图像处理工具，Stable Diffusion不仅更加高效和准确，而且还具有可扩展性，能够应对不同类型和尺寸的图像。需要注意的是，使用Stable Diffusion需要一定的计算机科学知识和图像处理经验，同时也需要遵守相关法律法规和伦理规范，以避免侵犯他人版权或隐私权。

7. 艺术修饰：Cleanup. picture

Cleanup.picture在官网的描述中表示，它可以在几秒钟内从用户图片中删除任何不需要的物体、缺陷、人物或文字，为照片编辑人员、摄影师和营销人员提供了一个简单而强大的解决方案，帮助他们在处理图片时节省时间和精力。作为一款基于AI技术的图像修复工具，它可以自动检测和去除数字照片中的噪声、划痕、斑点等缺陷，提高图像的质量和清晰度。Cleanup.picture从大量的训练数据中学习图像修复模型，以支持多种修复方式，例如普通修复、填充修复和纹理修复等，用户可以根据需要选择不同的修复策略。Cleanup.picture 的优点在于其高效、准确和可扩展的图像修复服务，提升图像质量与美感。相比传统的图像修复工具，Cleanup.picture 不仅更加高效和准确，而且还提供了更加友好和易用的界面和交互模式，使得用户可以轻松地完成图像修复任务。例如，与 Adobe Photoshop Fix 修复工具相比，Cleanup.picture 更为易用，因为 Cleanup.picture 不需要背景参考，就能够计算得知不需要的文字、人物和物体背后是什么，它所需要的只是鼠标的几次单击而已。值得一提的是，用户只要在输出文件时，其分辨率不高于 720P，那么就可以免费使用。当然它也有一些局限性，例如目前它没有变焦的功能，也无法批量处理图像。

8. 免费图形社区：Civitai

Civitai 是最火的 AI 画图模型社区，是艺术生成社区中唯一的模型共享中心，它是开源的并且可以免费使用。艺术家、工程师和数据科学家可以分享和探索模型、教程和资源，将 AI 艺术提升到新的水平。作为一个共享平台，它使人们能够轻松地分享和发现创造 AI 艺术的资源。

Civitai 上有超过 1700 个模型，由众多创作者上传和分享，可以接受来自社区的评价，还有 12000 多张带有提示语的示例图片。用户可以在 Civitai 上传自己训练的模型，或者下载和使用其他用户创建的模型。这些模型可以与 AI 艺术软件配合使用，生成独一无二的艺术作品。简单地说，"模型"指的是一个机器学习算法或一组算法，这些算法已经被训练成可以生成特定风格的艺术或媒体，包括图像、音乐、视频或其他类型的媒体。为了创建一个生成艺术的模型，首先要收集所需风格的例子的数据集，并用于训练模型。然后，该模型能够通过从它所训练的例子中学习模式和特征来生成新的艺术。所产生的艺术不是训练数据集中任何一个例子的完全复制，而是受训练例子风格影响的新艺术作品，模型可以被训练来生成广泛的风格，从逼真的图像到抽象的图案，并可用于创造人类难以完成或耗时的手工艺术创作。

Civitai 还提供了丰富多样的社区互动功能，用户可以在每个模型下面留下评论和评分，分享自己使用该模型生成的作品或者提出建议和反馈。也可以查看其他用户对该模型的评论，并与他们进行交流和讨论。此外，还可以收藏喜欢的模型，并关注感兴趣的创作者。Civitai 还提供了图像处理等高级功能，例如使用 CLIP（Contrastive Language-Image Pre-training）技术来优化图像生成效果，使用 LoRA（Low Rank Adaptation）网络来调整图像风格，以及使用 Diffuser weights 来改变图像清晰度，等等。这些功能可以让用户更灵活地控制图像生成过程，并创造出更符合自己期望的艺术作品。

9. 免费图像生成：Craiyon

Craiyon 最初被称为 DALL·E mini，它的使用非常简单，只需在文本提示中输入内容，在接下来的几分钟里，该工具将根据文本要求构建图像。当它完成时，Craiyon 会输出九张图片，这些图片可能是有趣的、超现实的，也可能是疯狂的，甚至是噩梦般的，换言之，这些生成的图片包括微距或特写镜头，也可能有各种绘画风格，例如印象派、现代派、超现实主义、抽象派等，它没有确定的边界，你如果觉得这九张不够，可以持续地生成。Craiyon 因其免费而受到欢迎，无论是可以制作的图像数量还是可以选择描绘的内容都没有限制。虽然它从比 DALL·E 2 更小的数据集中学习，但 DALL·E 的公司 OpenAI 对他们的产品施加很多内容生成方面的限制，以防止被用来产生深度伪造或其他非法用途，而 Craiyon 则没有这些局限性，所以可以作为很好的 DALL·E 的替代方案。作为免费的在线文本图像生成工具，它的质量一般低于 Midjourney、Stable Diffusion 和 DALL·E，但我们发现它的质量也在越来越好。因为模型需要大量的计算，所以 Craiyon 主要依靠订阅、广告（例如在生成的等待时间内会出现一些广告）和捐款来维持计算服务的开支。

4.4 音乐创作与音频处理

1. 原创音乐：Soundraw

Soundraw 也是一款创造原创音乐的 AIGC 工具，只需选择长度、心情和流派其中的任何几个，就能为你生成动听的歌曲。在长度上你可以选择从 10 秒到 5 分钟，但心情上有 25 种选择，这些心情的表达是用图像来体现的而不是文本，心情的可选内容包括愤怒或优雅，抑或神秘或史诗般的。它的流派选择也多达 18 种，比如嘻哈的或是摇滚的。它提供了 22 种主题的选择，比如电影或企业宣传，也有游戏或纪录片等选项。当你试用这个工具的时候，多少是有一些兴奋的，因为仅仅单击几下鼠标，就能生成一堆的音乐，当你试听这些音乐的时候，竟然发现哪个也不差，你无非是需要找一个与你期望最为吻合的就可以了。如图 4-12 所示，图（a）是生成音乐的各种选项，包括时长、节奏快慢和心情等，在图（b）中展示了生成的音乐列表，可以在线试听、分享或下载，而且你依然可以在列表的页面中对音乐的选项进行修改，然后对新音乐实时生成。

（a）音乐生成类型的选择　　　　　　（b）生成的音乐可进一步筛选

图 4-12　Soundraw 生成音乐

资料来源：Soundraw 官网

2. 音乐创作：Amper

Amper 是最容易使用的 AI 作曲工具。与 IBM 和谷歌的项目相比，这个产品不需要编码知识，更不需要从 GitHub 上解压开发者语言，也不需要作曲和音乐理论。使用 Amper 不需要很深的音乐理论或作曲知识，因为它从预先录制的样本中创建音乐轨道，然后将这些转化为真实的音频，可以用音乐键、节奏、个别乐器等进行修改。你也可以对整个乐器进行调整，以适应想要达到的情绪或氛围。对于希望为游戏、电影或播客开发配乐和声音的内容创作者或个人来说是个不错的选择，Amper 可以广泛地应用在需要快速创建音乐的领域（播客、电影和视频游戏），拥有数以百万计的样本和许多品种的仪器，提供了改善音乐制作的工具。

早在 2019 年，Amper Music 就推出了 Amper Score，这是世界上第一个面向企业内容创作者的端到端人工智能音乐创作平台。通过 Amper Score 平台，内容团队可以创建和编辑音乐，以配合视频、播客和许多其他类型的内容。Amper Score 的工作流程允许用户上传视频，发现项目时间线中的关键时刻，并以数十种不同的音乐风格实时呈现原创作品。使用 Amper 创作的音乐是免版税的，并且在与内容同步时为用户提供全球永久许可。使用音乐库的视频编辑人员反馈说，使用 Amper 在为他们的项目寻找和编辑音乐方面节省了 90% 以上的时间。企业也可以将 Amper 的 API 整合到它们自己的创意工具、分销平台和其他创建或消费音乐的应用程序中。Amper 也可以通过现有的 Adobe 软件作为可下载的访问面板，进一步减少艺术家的转换成本。有趣的是，Amper Music 现已并入 Shutterstock 平台，现在登录这个平台可以获取超过 10 万首由 Amper Music 直接从 Shutterstock 预生成的专属歌曲。

3. 音乐创作：Beatoven

Beatoven 是一款 AIGC 的音乐创作软件，它可以将用户输入的旋律或和弦转化为有节奏感的音乐作品，这些生成的作品是免版税的原创音乐。Beatoven 采用了深度学习算法和自适应技术，通过对音乐元素进行分析和处理来自动作曲，这也是它的核心功能。用户只需输入旋律或和弦信息，就能够生成长度数十秒甚至几分钟的音乐作品。同时，Beatoven 还支持多种音色、速度和风格选择，并可输出 MIDI 或 MP3 格式的音乐文件，方便后续编辑或分享。Beatoven 的优点在于其高效、创新和易用性，能够大幅降低音乐创作门槛，不需要用户具备专业的音乐知识和技能，也不需要购买昂贵的音乐设备和软件。相比传统的音乐创作方式，Beatoven 能够实现更加智能化和个性化的作曲体验，让用户更加专注于音乐创作的乐趣和想象力。在操作上，用户用四步就可以完成创作：①从八个不同类型的流派 / 风格中选择一个主题，②从中进行剪辑，③从 16 种情绪中进行选定，④ Beatoven 为你生成相应曲目。

除了短视频的播客、游戏开发商和音频书籍的制作者，Beatoven 对 Web 3.0 和元宇宙特别有用。它可以为游戏创作背景音乐，在特定的环境和氛围下增加特色配乐；在协作工作的虚拟空间中，制作不同类型的音乐来吸引你的队友和客人；在 VR 的世界中，从旅游到娱乐，用富有魅力的音乐将你的 VR 体验带入生活，应用于医疗、建筑、电影等领域，通过对音乐的细化控制，提高沉浸感和参与度。

4. 音乐创作：MuseNet

MuseNet 是 OpenAI 的音乐生成工具。作为一个深度神经网络，它用十种不同的乐器创作 4 分钟的音乐作品，并且可以结合从乡村、莫扎特到披头士的风格。MuseNet 作为机器语言，不是用我们对音乐的理解来编程的，而是通过学习预测数十万个 MIDI 文件中的下一个字符，从而发现了和谐、节奏与风格本身的模式。OpenAI 的开发者在介绍他们的项目时写道：MuseNet 使用与 GPT2 相同的无监督多用途技术，这是一个大规模的 Transformer 模型，经过训练可以预测序列中的下一个字符，无论是音频还是文本。

音乐人和非音乐人都能使用 MuseNet 自动创作出各种类型和风格的音乐作品，包括古典、摇滚、爵士等，由用户来指定风格、使用的乐器和流派。在高级模式下，用户可以直接与模型互动，生成新的、完全独特的作品。在 MuseNet 会生成四个备选方案。如果不喜欢可以单击"重置"或"更新"按钮来创建新的变体。MuseNet 还支持对已有音乐素材进行修改和扩展，增加新的旋律、和弦、节奏等元素，让音乐变得更加多样化和创新性。有用户反馈，目前 MuseNet 制作古典音乐可能比流行音乐效果更好，因为 MuseNet 充满了大量的古典音乐数据。钢琴也往往比其他乐器更好用、更常用。

5. 音频录制：Podcastle

Podcastle 的官网将自己定位于广播故事的一站式商店，包括在计算机上完成录音室质量的音频，由 AI 驱动编辑并无缝地输出。作为一种声音编辑和合成的 AIGC 软件，它可以自动修复、优化和合成语音，生成逼真的人工合成语音（TTS）声音，其功能包括多轨录音、音频转录、对音频进行自动调平和动态渐变等编辑、文本转语音并且消除过程中的噪声，以用于播客、网络研讨会和其他音频场所。Podcastle 的核心功能是语音合成，用户只需输入需要合成的文字内容，就能够生成自然流畅的人工合成语音。同时，Podcastle 还支持多种语言、音色和发音选择，并可输出 MP3 或 WAV 格式的声音文件，方便后续编辑或分享。Podcastle 的优点在于其高度定制化、灵活性和可靠性，能够满足不同用户的语音合成需求，如电子书阅读、语音助手、广告宣传等。相比传统的语音合成技术，Podcastle 生成的语音效果更加自然、清晰和准确，达到了接近真人的级别。

6. 音频转文章：VoicePen

VoicePen 是用来将音频内容转化为文章的 AIGC 工具，使用户非常便捷地从录制的对话和讲座中产生书面内容。这个技术对大多数用户并不陌生，这是我国科大讯飞的主打领域，而且它的表现已十分出彩了。VoicePen 的独特之处在于它不仅实现了语音对文本的生成，更是从音频文件中提取了关键主题，并制作成一篇吸引人的博客文章，实际上它是科大讯飞当前语音转录产品加上 ChatGPT 文本总结功能的结合体。VoicePen 的核心功能包括语音识别、文本编辑和格式化等方面。用户只需上传或录制语音文件，就能得到准确、可编辑的文字文本，并能对文本进行修改和排版。VoicePen还支持96种语言的语音转文字和文本编辑，以满足不同需求和应用场景。

7. 声音处理：Harmonai

Harmonai是一个社区驱动的组织，它们发布开源的生成性音频工具，以增加每个人对音乐创作的接触和享受。简单地说，技术基于扩散产生新奇的声音，在这个过程中，随机白噪声被提炼成基于预先训练的模型的声音，该模型包含数百万个参数，这些参数在其训练过程中被计算出来，以囊括它所训练的初始材料的特征。Harmonai的工具可对音乐和声音信号进行自动化处理和改善，包括音乐转换、降噪、混响等功能。Harmonai发布了Dance Diffusion，它有六个公开可用的音乐生成模型，每个模型都在不同的数据集上训练。

8. 全面降噪：Krisp

Krisp是一个神奇的软件，它可以消除你在通话中的背景声音（如风雨声、动物喊叫）、人为和机器的噪声（如风扇、键盘打字的声音）及回音，让用户在任何地方都能进行清晰、专业的音频对话。在你完成通话之后，还能形成呼叫的摘要，包括通话时间、消除的噪声量和对会议有效性的评估。换言之，它是一款基于AIGC技术的噪声消除软件。Krisp还支持多种通信软件，如Skype、Zoom、Webex等，以及多种操作系统，包括Windows、macOS、iOS和Android等。Krisp的优点在于高效、准确和易用性，能够大幅提升语音通话和录音的质量和效率。相比传统的噪声消除工具，Krisp不需要额外的硬件设备，只需安装软件即可实现智能噪声消除，而且效果更加出众。

9. 消除口音：Cleanvoice

对很多非专业但又从事音频录制的工作者来说，咂嘴和结巴是常见的现象，在长篇的叙述中难免有这样的情况，也包括一些习惯性的口语，如"嗯""是吧"。这些内容的音频可能不经意地出现，它们很短暂且分布在音频的不同时间线上，要消除它们非常耗费精力和时间。Cleanvoice可以在播客或音频记录中去除那些习惯性的不专业声音。除了口音消除器，Cleanvoice还可以识别那些过长的沉默并缩短它们，提升整体音频的可听性。这对于非专业的播客来说是一大福音。当然，Cleanvoice与全面降噪的Krisp一起使用效果更佳。

4.5　代码编写

1. 代码生成：GitHub Copilot

GitHub Copilot 的名字很像 Office Copilot，前者是微软的子公司开发的一个智能代码生成器，后者是微软公司开发的产品，用来实现下一代智能办公套件。GitHub Copilot 可以根据代码注释中的自然语言提示生成代码。例如，一个编码员可以写"设计一个网站登录页面"，它将产生适当的代码。GitHub Copilot 是 GitHub 和 OpenAI 合作的产品，它由一个名为 Codex 的全新 AI 系统提供支持并基于 GPT3 模型。Copilot 已经接受了来自 GitHub 上公开可用存储库的数十亿行代码的训练，除了为程序员提供智能化的代码提示和生成功能，也可用于代码的自动补全。GitHub Copilot 能够集成在 Visual Studio Code 编辑器中，支持多种编程语言，如 Python、JavaScript 等。它采用了 GPT 模型的架构，通过对输入的代码进行分析，利用大量的开源代码库和示例，自动生成符合语法和逻辑规则的代码片段和函数定义，从而实现智能化的代码补全和自动生成功能。GitHub Copilot 支持大多数编程语言，但官方建议使用 Python、JavaScript、TypeScript、Ruby 和 Go。GitHub Copilot 对于经过其验证的学生、教师和开源项目维护者都是免费使用的，其他用户则可以通过付费订阅来使用。近期，GitHub Copilot X（基于 OpenAI 的 GPT4 模型）发布了，其主要应用方向包括自动化拉取请求（PR）过程、自动生成测试、AI 生成文档回答和命令行界面（CLI）协助。它在提升软件开发效率方面具有巨大潜力，包括更广泛的知识库支持、更强的语义理解能力和更个性化的开发体验。

GitHub Copilot 已经阅读了 GitHub 的整个公共代码档案，包含数千万个存储库，包括来自许多世界上最好的程序员的代码。自由软件基金会（FSF）认为 GitHub Copilot 是不可接受和不公正的，因为开发者可以使用 Copilot 编写任意软件，可以是商业企业软件，或者付费软件，这意味着它变相地利用他人的代码成果赚钱。这样的争论正在持续，因为无论是在文本还是在图片或多媒体领域，到底什么是原创和盗版，目前还没有一个清晰的结论和法律界定。

2. 代码生成：CodeWP

CodeWP 是一个由 AI 驱动的 WordPress 代码生成器，该生成器是专门为 WordPress 创作者建立和训练的。它涵盖了 PHP、JS、WooCommerce、Oxygen、Breakdance 和 Regex conditions。CodeWP 有多个语言版本，通过最大限度地减少开发的时间来帮助 WordPress 用户。像其他内容生成器一样，CodeWP 基于小的文本提示而工作。

CodeWP 根据用户提供的设计和功能要求自动生成符合预期的 WordPress 主题和插件代码。它基于 GPT3/4 等强大的语言模型进行训练，在生成代码时可以自动检测语法错误，并提供实时反馈和建议，同时还能够与现有的 WordPress 插件和主题进行无缝集成，从而快速生成高质量的定制化 WordPress 网站。CodeWP 的优势在于其极大地提高了开发 WordPress 主题和插件的效率，尤其对于那些不熟悉编程或者没有大量时间精力投入到 WordPress 开发中的用户来说，更是一种重要的工具和资源。需要注意的是，虽然 CodeWP 能够帮助用户快速生成代码，但并不完美，生成的代码仍需经过审查和测试，以确保其符合要求并且安全可靠。

3. 编码助手：Tabnine

Tabnine 是一个编码助手，它根据语法预测并生成下一行代码，用整行和全功能的代码补全来加快编码速度。Tabnine 适用于各种语言，从最流行的语言如 JavaScript、Python 和 TypeScript 到更小众的语言如 Rust、Go 和 Bash，并且可以集成到各种主流的开发环境中，如 VS Code、IntelliJ IDEA 等。它独特之处在于使用了深度神经网络，并结合大规模预训练数据和实时学习技术，能够对上下文进行分析和理解，并根据上下文和现有代码，实时生成最可能的代码建议。同时，它还支持自定义代码片段、函数库和变量类型，可以更好地适应开发者的工作习惯和项目需求。由于 Tabnine 在代码补全方面表现出色，并且可以极大地提高开发效率，因此受到了全球数百万开发者的欢迎和推崇。Tabnine 不仅在个人开发者中流行，也被很多大型企业和组织所采用。

Tabnine 从不存储或分享用户的任何代码，任何为了训练模型而与 Tabnine 服务器共享的代码都会获得许可。Tabnine 的生成式 AI 只使用开放源代码，并为它们的公共代码训练的 AI 模型提供许可。

4. 网络应用：CodeStarter

CodeStarter 是由 OpenAI 的 Codex 驱动的 Web 应用程序生成器，CodeStarter 支持各种框架，包括 React、NextJS 和 Angular，它可以根据用户提供的需求和规格自动生成 Web 应用程序代码。CodeStarter 支持多种编程语言和框架，包括 Python、Django、Flask、Ruby on Rails 等，它的核心技术是基于机器学习算法和大量开源代码库进行训练的深度神经网络模型。通过对用户提供的规格和需求进行分析和理解，并结合预先训练好的知识库，CodeStarter 能够快速生成高质量的

Web 应用程序代码，从而极大地提高了开发效率和准确性。CodeStarter 的优势在于其可以帮助初级和中级程序员快速生成有效的 Web 应用程序代码，并且还可以学习和适应用户的编码样式和偏好，从而不断优化和改进生成的代码。需要注意的是，虽然 CodeStarter 可以加快 Web 应用程序的开发和部署过程，但仍需要经过审查和测试以确保生成的代码符合要求并且安全可靠。此外，CodeStarter 也是一个商业产品，需要购买使用权限才能享受其服务。

第 3 篇
AIGC 的机遇与挑战

基于微软 BING 图像创建者和 PowerPoint 生成，2023

第 5 章
AIGC 的机遇

5.1 资本宠儿

5.1.1 投资增长

在过去的几年里，资本对 AIGC 的投资大幅增长。根据 CB Insights 的一份报告，自 2015 年以来，全球 AIGC 领域的投资规模一直呈增长趋势。AIGC 初创公司的总投资资本从 2018 年的 73 亿美元增加到 2020 年的 199 亿美元，增长了近两倍。从 AIGC 的整个市场来看，2019 年全球 AIGC 领域的整体投资金额达到了近 440 亿美元，2020 年受疫情影响有所下降，但仍然接近 350 亿美元。这种增长主要是由于对 AI 和自动化产生的内容的需求增加，以及自然语言处理（NLP）和自然语言生成（NLG）技术的进步。AIGC 领域的主要参与者，如 Persado、Automated Insights 和 Narrative Science，在过去几年都有大量投资。文案助理 Jasper 以 15 亿美元的估值筹集了 1.25 亿美元。Huggingface 以 20 亿美元的估值筹集了 1 亿美元。Stability AI 以 10 亿美元的估值筹集了 1.01 亿美元。Inflection AI 筹集了 2.25 亿美元。而在 2019 年从微软融资超过 10 亿美元的 OpenAI，据传将以 250 亿美元的估值筹集额外的资金。从投资类型上来看，种子轮和天使轮投资仍占据着较大的比重，但随着行业的发展，中后期和上市融资的投资也在逐步增加。从投资领域上来看，图像识别、语音识别、自然语言处理等技术是最被关注和投资的领域。此外，医疗健康、金融、教育等行业的应用也成为投资的热点。亚洲地区在全球 AIGC 领域的投资中日益发挥着重要的作用。中国、印度等亚洲国家的 AIGC 企业和初创公司正在吸引越来越多的国内外投资者，其中，中国是全球最大的 AIGC 投资市场之一，2019 年中国 AIGC 领域的投资规模约为 150 亿美元。

除了 AIGC 领域的专业投资机构，越来越多的传统行业企业也开始涉足 AIGC 领域的投资。这些企业希望通过投资 AIGC 技术和企业，加速自身数字化转型的进程，提升自身的竞争力。另外，政府在推进数字经济发展的过程中，也将 AIGC 技术视为重要支撑。因此，在一些国家和地区，政府会设立专项资金用于支持 AIGC 领域的研究和应用，并鼓励民间投资。全球 AIGC 领域的投资规模在不断扩大，吸引了越来越多的投资者。未来，随着技术的进一步成熟和应用场景的拓展，AIGC 领域的投资规模还将继续增长。

5.1.2　谁领风骚

生成式 AI 的出现有可能彻底改变无数行业，这也是投资者应该关注的一个趋势。从投资的角度来看，有几类公司和子行业可能会成为这项技术的赢家。具体来说，第一类是提供尖端硬件的公司，如英伟达，可能会成为生成式 AI 增长中的主要赢家。第二类的潜在赢家可能由那些能够获得大量数据的公司组成，它们同时拥有处理这些数据的强大内部能力，如谷歌、亚马逊。第三类是那些拥有 AI 核心技术人才团队的公司，其中 IBM、OpenAI 和百度都是典型的例子。

生成式 AI 模型需要大量的计算能力来训练和生成新数据。图形处理单元（GPU）是能够同时处理大量数据的专门计算机处理器，对这一过程至关重要，而制造 GPU 的公司可以从生成式 AI 的增长中大大受益。英伟达、先进微电子（Advanced Micro Devices）和英特尔是这一领域的一些主要参与者，并且完全有能力从这一趋势中获益，尤其是英伟达，已经在 AI 方面进行了大量投资，并且是 GPU 市场的领导者。如图 5-1 所示，英伟达的 GPU 理论性能以 TFLOPS[①] 为

---

① FLOPS（Floating-Point Operations Per Second）是指每秒浮点运算次数，被用来评估计算机效能，尤其是在使用大量浮点运算的科学计算领域中。

衡量单位，它们在每一代的新产品中平均提高了约 50% 的性能。随着新推出的 GPU 在性能上实现了重大飞跃，AI 加速器预计将变得更快，例如 ChatGPT 的创造者 OpenAI 使用了英伟达 A100 GPU。由于英伟达正在加紧开发下一代 GPU，即 H100，它的吞吐量是 A100 的 6 倍，我们相信在生成式 AI 应用中对这项技术的需求可能会大幅增长。

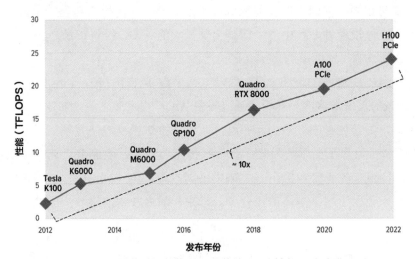

图 5-1   随着时间的推移，英伟达 GPU 性能迅速改进
资料来源：TechPowerUp，2022

拥有大量数据的公司是第二类潜在赢家。数据是生成式 AI 的命脉，能够获得大量高质量数据的公司应该在这一领域具有显著优势。谷歌、亚马逊等公司可以获得大量的数据，并拥有利用这些数据开发先进 AI 模型的技术专长。这些公司已经在 AI 方面进行了大量投资，并有将 AI 技术进行商业化应用的成功经验和基础，这使它们成为资本市场的宠儿。大型云计算供应商，如谷歌、IBM 和亚马逊，早在 2014 年就开始建立其 AI 和机器学习（ML）能力。在那个时候，大型语言模型（LLMs）需要经过多年的训练和大量的数据集，才能达到足以用于商业部署的先进水平。如今，这些公司在获得大量数据以及有效处理数据的能力方面具有明显的优势，再加上获得顶级人才和强大的投资能力，大家站在了新一轮 AI 竞赛的起跑线上。如图 5-2 所示，展示了亚马逊、微软、谷歌、IBM、甲骨文、阿里巴巴在 2017—2022 年间的年度资本支出及合计数，以 2022 年为例，这五家公司的年度资本支出合计数已超过 130 万亿美元之巨。

生成式 AI 成功的另一个重要因素是人才的可用性。一个典型的 AI 项目需要一个高技能的团队，包括数据科学家、数据工程师、机器学习工程师、产品经理和设计师，即使在最近整个技术行业收缩的情况下，市场也根本没有足够的熟练的专才可以提供。因此，拥有开发和实施这些复杂模型的技术专长的大型公司，能够很好地从这项技术中受益。在这个领域值得关注的OpenAI、IBM和百度，这些年已持续在AI方面进行了大量投资，并拥有深厚的技术和人才储备，这对开发和实施生成式AI模型至关重要。麦肯锡公司于2022年进行了一项全行业调查，有1492名被访问对象参与，代表了不同的行业、公司规模、专业和任期。麦肯锡把那些"高AI绩效企业"定义为：通过采用AI给公司带来了根本性的影响，即创造了至少20%的息税前利润（EBIT），聘用了66%的AI数据科学家，而且其他企业的聘用比例只有34%，这表明这些AI巨头不仅更有积极的意愿，而且更有薪酬支付能力来雇用更多的AI顶级人才。

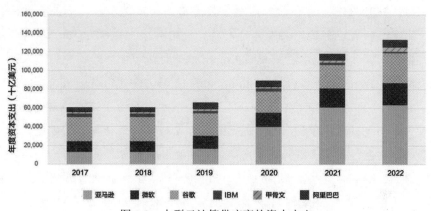

图 5-2　大型云计算供应商的资本支出

资料来源：FactSet，2023

从商业模式来讲，AIGC产业目前可以分为FaaS、CaaS、PaaS、TaaS和ISV五种：

（1）Free as a Service（FaaS）指免费即服务。免费是王道，国际上大量的AIGC都提供了免费的版本，如果用户需要生成的文本、图像、音视频等低于一定的质量标准，那么就是免费，这种免费的价值在于借助人机互动不断优化和升级模型。还有一些天生免费的工具或开源社区，在用户使用的过程中会植入广告，这些广告不是强制点击的，不会引起用户很大的不适。国内也有很多供应商提供了很多对接国际服务的通道，它们的要求或许就是关注一下公众号，或者通过邀请加入，并不会产生费用。

（2）Content as a Service（CaaS）指内容即服务，按生成内容收费。本书第4章中介绍的大量AIGC工具都是CaaS收费模式，但不一定按篇/按个计费，它通常包括了第一种 FaaS，但过了试用期或下载高质量的内容时则需要收费。有的甚至提供了一次性永久使用的收费模式及定制化收费模式。

（3）Platform as a Service（PaaS）指平台即服务。平台即服务的模式分为两种：一种是纯技术服务商；另一种是云应用服务商。

- 纯技术服务商。纯技术服务平台不直接向终端用户服务，它们更擅长于开发通用技术，因此向公众开放底层技术平台的接口，由第三方提供专业界面供终端客户使用，这个第三方可以是一个企业，也可以是个人，它不再体现技术平台公司的品牌，而是着力于自己的品牌塑造。平台公司根据第三方服务公司的数据请求和实际算量计费。OpenAI 的 GPT4 已于 2023 年 3 月对外提供 API 接口，这个新模型支持多模态，具备强大的识图能力，并且推理能力和回答准确性显著提高，据说在各种专业和学术基准测试上的表现都媲美甚至超过人类。与此同时，与 GPT3 统一按 Token 数收费不同，GPT4 把提问链（Prompt）和生成响应分开收费，有人统计发现：GPT4 prompt 比 GPT3.5-turbo 贵了 14 倍，GPT4 completion 比 GPT3.5-turbo 贵了 29 倍。价格上涨如此之多，一方面是由于模型的质量提高，另一方面也说明了 PaaS 这种商业模式的成熟性。平台与第三方是多对多的选择关系，最终比拼的是生态圈的成熟度和稳健性。

- 云应用服务商。微软的 Office 365 Copilot 与谷歌的 Workspace，甚至 Salesforce 都已经或即将在其云端服务中融入 AIGC 的生产力。它们把 AIGC 作为一种增值服务来提供，和用户需要扩大网络硬盘的容量一样，只需要少量的费用即可完成升级。

（4）Training as a Service（TaaS）指模型训练即服务。GPT 的全称是 Generative Pre-Training，它本质上是一种预训练模型，训练那些超大规模的模型需要超强的算力，除了服务器还需要足够电力供应。就像当年疯炒比特币时期，很多虚拟币厂把算力中心建到了经济不发达地区的水电站旁，说白了它是一种数字化的基础设施，只有少数群体拥有建设和维护的能力。除了训练通用模型，对于 NPC 训练等个性化定制需求较强的领域，都需要租用 TaaS 而不是通过自建来完成，区别是大厂租用 TaaS 会进行大规模改造，而垂直细分市场则是拿来即用。

（5）Independent Software Vendors（ISV）指独立软件。批发或零售软件如 Adobe 的照片和视频编辑软件套件长期以来一直利用机器智能来帮助人类完成工作，多年来一直采用 Sensei AI 支持 Photoshop 中的神经过滤器或 Acrobat 的液体模式等功能。Adobe 于 2023 年 3 月披露了其下一代生成模型系列，并将其统称为

"萤火虫"，拥有它之后，Adobe 将把生成性 AI 驱动的"创意成分"直接带入客户的工作流程，使数字艺术家不再受限于他们的思维或本就缺乏的艺术天赋。而且它不仅支持文本到图像，萤火虫的多模态性质意味着音频、视频、插图和 3D 模型都可以通过该系统和足够的语言生成。萤火虫家族的第一个模型是在 Adobe 的图片目录中的数亿图片。更有意思的是，Adobe 声明这些图片都是被授权的不会导致版权诉讼，还能确保摄影师和艺术家提供的这些图片在被他人用于 AI 训练时得到补偿。另外，个性化营销文本写作工具 AX Semantics 则以约 1900 元 / 月的价格对外出售，并以约 4800 欧元 / 月的价格提供支持定制的电子商务版本。大部分 C 端工具则以约 80 元 / 月的价格对外出售。

生成式 AI 是一项有可能彻底改变各个行业的技术，投资者应该密切关注这一大趋势中的潜在赢家，它覆盖从 GPU 制造商到拥有大量数据和技术专长的公司。但生成式 AI 仍处于早期阶段，在未来几年可能会有更多的公司成为赢家，这包括大量的应用类公司，涉及 C 端与 B 端的大量应用市场，比如在本书第 4 章中介绍的大量新生代公司。与以往不同，它们在短期内，比如 3 ～ 6 个月中，就能积累大量的用户群体并促成绩效快速增长。

5.2　惊人展望

5.2.1　真懂行的自然语言

资本对 AIGC 的宠爱是有道理的，AIGC 这一波热潮兴起的过程，所需要经历的泡沫阶段的时间，可能是在过往所有 AI 技术兴起到应用周期中最短的。它不是一个来自实验室的声明，而是一个通过每个人的计算机或手机能马上展开惊喜服务的智能先锋。AIGC 的另一个优势在于，它没有吹嘘将对现有的商业格局造成多大的颠覆，它聪明地与主流的软件与互联网巨头打成一片，从产业捆绑做起迅速获客，共同发展。这个模式好比把车辆的汽油发动机改成新能源发动机一样，大家坐在了一个共同进行价值创新并分享成果的整车上，形成了一个看似和谐且共同富裕的局面。AIGC 正在实实在在地影响每个人、帮助每个人，尽管大部分用户会在没有感知的情况下使用它。当 ChatGPT 开放了 API，一夜之间，推出免费入口的我国本土服务商汹涌而至，就连高科技公司的科学家、董事长都亲自下场实践。AIGC 迎面而来，除了拥抱它，我们并没有什么其他的选择，资本也是一样。

在诸多的 AIGC 领域中，AIGC 最大的商业机会在于语言①。文字转图像的 AI，比任何其他领域的 AI 都更能吸引公众的想象力，因为它具有审美吸引力，易于消费和分享，非常适合于病毒式传播。而且可以肯定的是，文本到图像的 AI 运用了令人难以置信的强大技术。这些模型能够产生的图像，其原创性和复杂性令人叹为观止。产生图像的 AI 将改变包括广告、游戏和电影制作等行业。但可以预见的是，在未来几年，AI 驱动的文本生成将比 AI 驱动的图像生成创造更多数量级的价值。机器生成语言的能力——写作和说话——将证明比它们生成视觉内容的能力更具变革性。语言是人类最重要的一项发明，它使我们有别于地球上的其他物种。语言使我们能够进行抽象的推理，发展、交流关于世界是什么和可能是什么的复杂想法，并在这些想法的基础上跨时代和跨地域地发展。如果没有语言，几乎是不可能发展出现代文明的。在 2014 年的经典文章《永远押注于文本》中，Graydon Hoare 有说服力地阐述了文本相对于其他数据模式的诸多优势：它是最灵活的通信技术；它是最持久的；它是最便宜和最有效的；它是最有用和最通用的社交方式；它能以精确控制的精确和模糊程度来传达思想；它可以被索引、搜索、纠正、总结、过滤、引用、翻译。用 Hoare 的话说，"所有的文学和诗歌、历史和哲学、数学、逻辑、编程和工程都依靠文本编码来表达，这不是一个巧合"。世界上的每一个行业、每一个公司、每一个商业交易都依赖语言。没有语言，社会和经济将陷入停滞。因此，使语言自动化的能力为创造价值提供了前所未有的机会。与文本到图像的 AI 相比，AI 产生的语言将改变世界上每个部门的每家公司的工作方式，而后者的影响将在选定的行业中感受最强烈。

就商业应用而言，生成性文本的第一个真正的"杀手级应用"已被证明是文案写作，即用 AI 生成诗歌、社交媒体文章、博客文章和其他与营销有关的书面内容。AI 驱动的文案在 2022 年中出现了惊人的收入增长。Jasper 是这一类别中领先的初创公司之一，它仅在 2020 年推出，据说在 2022 年的收入已达到 7500 万美元，成为有史以来增长最快的软件初创公司之一。Jasper 刚刚宣布了一项 1.25 亿美元的融资，使该公司的估值达到 15 亿美元。不足为奇的是，已经出现了一大批竞争者来竞争这个市场。但文案写作只是一个开始，更广泛的营销和销售堆栈的许多部分已经成熟，可以通过大型语言模型（LLMs）实现自动化。更多生成型 AI 产品正推向市场，例如自动处理销售发展代表（SDR）的外发电邮可准确回答感兴趣的买家关于产品的问题；在潜在客户通过销售漏斗时处理与他们的电邮往

---

① 生成式人工智能的最大机会是语言，而不是图像；Rob Toews，2022。

来；在电话中向人类销售代理提供实时辅导和反馈；总结销售讨论并建议下一步行动；等等。随着更多的销售过程被自动化，人类代表将被释放出来，专注于销售中独特的人性方面，如客户的同情和关系的建立。

在法律界，生成式AI将在很大程度上实现合同起草的自动化。法律团队之间关于交易文件的大部分来回传送工作将由LLM驱动的软件工具完成，这些工具了解每个客户的特定优先事项和偏好，并相应地自动整理出交易文件中的语言。签署后，生成式AI工具将大大简化各种规模公司的合同管理。语言模型总结和回答有关文本文件问题的强大能力，同样会改变法律研究、发现和诉讼过程的其他各个部分。

在医疗保健领域，生成性语言模型将帮助临床医生编写医疗笔记。它们将总结电子健康记录并回答有关病人病史的问题，帮助实现时间密集型行政程序的自动化，如收入周期管理、保险索赔处理和预先授权。不久之后，它们将能够通过结合对现有研究文献和特定病人的特定生物标志物和症状的深入了解，为个别病人提出诊断和治疗方案。

生成式AI将改变客户服务和呼叫中心的世界。从跨行业的角度来看，从酒店业到电子商务，从医疗保健到金融服务，内部IT和人力资源服务台也是如此。语言模型已经可以自动处理客户服务对话之前、期间和之后发生的大部分工作，包括电话中的代理辅导和电话后的文件和总结。很快，与生成性文本到语音技术搭配，它们将能够处理大多数客户服务活动，不需要人类——不是像自动化呼叫中心多年来工作的呆板、脆弱、基于规则的方式，而是以流畅的自然语言。简单地说，作为消费者，你与品牌或公司就任何主题进行的几乎所有互动，都可以被自动化。

大多数组织中核心的基础业务活动都依赖结构化数据的处理，这将被生成性语言模型所改变。斯坦福大学最近的研究表明，语言模型在完成各种数据清理和整合任务方面非常有效，例如实体匹配、错误检测、数据归纳，尽管它们并没有为这些活动接受过训练。

新闻报道和新闻业将变得高度自动化。虽然人类调查记者将继续追寻故事，但文章本身的制作将越来越多地交给生成式AI模型。不久之后，我们在日常生活中所消费的大部分在线内容都将由AI生成。

在学术界，生成性语言模型将被用来起草资助提案，综合和审视现有的文献体系，撰写研究论文。科学发现的过程本身将被生成性语言模型所加速。大型语言模型将能够消化特定领域内已发表的研究和知识的整个语料库，吸收关键的基本概念和关系，并提出解决方案和有希望的未来研究方向。来自加州大学伯克利分校和劳伦斯伯克利国家实验室的研究人员最近表明，大型语言模型可以从现有的材料科学文献中捕捉潜在的知识，然后提出要研究的新材料。他们发表在《自然》杂志上的论文说："在已发表的文献中存在的材料科学知识可以被有效地编码为信息密集的词嵌入，而不需要人工监督。在没有明确插入化学知识的情况下，这些嵌入可以捕捉到复杂的材料科学概念，如周期表的基本结构和材料的结构 - 性能关系。此外，我们证明了一个无监督的方法可以在材料被发现的几年前就为其功能应用做出推荐。"

5.2.2　新语言生成新世界

生成语言模型的最有前途的商业应用之一根本不涉及自然语言，它将超越自然语言。LLMs 有望彻底改变软件的创造，无论是 Python、Ruby 还是 Java，软件编程都是通过语言进行的。与英语或斯瓦希里语等自然语言一样，编程语言是用符号表示的，有自己内部一致的语法和语意。因此，能够获得令人难以置信的自然语言流畅性的强大的新 AI 方法同样可以学习编程语言，这是有道理的。今天的世界靠软件运行，软件已经成为现代经济的命脉，而全球软件市场规模估计为 5 万亿美元。因此，使软件生产自动化的能力代表了一个惊人的巨大机会。这方面的第一推动者是微软，它与其子公司 GitHub 及其密切的合作伙伴 OpenAI 一起，在 2022 年年初推出了一个名为 Copilot 的 AI 编码伴侣产品。Copilot 由 Codex 驱动，这是 OpenAI 的一个大型语言模型（它又是基于 GPT3 的）。此后不久，亚马逊推出了自己的 AI 配对编程工具，名为 CodeWhisperer。谷歌也同样开发了一个类似的工具，不过该公司只在内部使用，没有公开提供。这些产品只有几个月的时间，但已经可以看出它们将有多大的转变。

谷歌研究发现，使用其 AI 代码完成工具的员工与不使用该工具的员工相比，编码时间减少了 6%，这些员工的代码中有 3% 是由 AI 编写的。来自 GitHub 的数据更加引人注目：该公司在一次实验中发现，使用 Copilot 可以将软件工程师完成一项编码任务的时间减少 55%。据 GitHub 的首席执行官称，现在该公司撰写的代码中有多达 40% 是由 AI 产生的。现在想象一下，将这些生产力的提高扩展到整个谷歌、微软以及当今所有的软件行业，那么数以十亿计的价值创造将被争夺。但微软的 Copilot 注定要拥有这个市场吗？不一定。

首先，许多组织会觉得在云中向微软这样的大型技术公司暴露其全部内部代码并不舒服，它们更愿意与在内部部署其解决方案的中立创业公司合作。这在金融服务和医疗保健等高度管制的行业尤其如此。此外，Copilot 还面临着一个有趣的组织挑战：该产品是由微软、GitHub 和 OpenAI 共同建立和维护的。这是三个不同的组织，有着不同的团队、文化和节奏。这个领域现在正以惊人的速度发展；随着技术和市场的发展，快速的产品迭代和短的开发周期将是至关重要的。微软、GitHub、OpenAI "三人组" 可能会在协调和灵活性方面做出努力，因为它们要在这个类别中与更灵活的初创公司竞争。最重要的是，软件开发是一个巨大的、不断扩展的领域。AI 生成的软件市场不会是赢家通吃的，就像今天的软件工程堆栈的不同部分有一个深入的、多样化的工具生态系统一样，在 AI 代码生成的世界里，将出现许多不同的赢家。例如，成功的初创公司可能会建立起来，只专注于代码维护的自动化，或代码审查，或文档，或前端开发。为了追求这些机会，已经出现了一拨有前途的新创业公司。

基于 AIGC 对各个产业的巨大影响，以及如何重新定义新的语言来生成新的世界，我们结合当下的形势可以判断：

第一，人类产生的绝大多数内容，包括我们写的信息、阐述的想法、提出的建议都是非原创的。事实上，大多数网站副本、交流的电邮、大多数客户服务对话，甚至大多数法律都不包含真正的新意。确切的词句各不相同，但基本的结构、语意和概念是可预测的、一致的，与以前写过或说过无数次的语言相呼应，就像 AIGC 的小说专用工具 Sudowrite，它基于大量的畅销书进行学习，发现了这些书中的一致性规律，从而用来指导新手作者如何完成畅销作品。今天的 AI 已经足够强大，可以从它所训练的庞大的现有文本库中学习这些基本结构、语意和概念，并在提示下以新的输出令人信服地复制它们，直到用户满意为止。但是，我们目前最先进的语言模型不可能产生像孔孟之道或《孙子兵法》那样具有影响人类发展历史进程的文字，这些前所未有的思想几乎也是后无来者，几千年来重塑并影响着人类的思想和行为。但是，在上述商业环境中的任何一个案例，或者在任何其他环境中，人类每天产生的内容有多少属于这个令人仰望而高不可攀的类别呢？我们会发现，LLMs 能够有效地将人类大部分的语言生产自动化——那些本质上都是非原创的部分。

第二，生成性语言模型变得如此强大的一个重要原因是，语言模型的任何输出都可以反过来作为语言模型的输入，即文本始终在机器中循环使用而没有终点，这是因为语言模型的输入和输出模式是一样的。就好像本书的内容参考了大量线上的内容，也借助了 AIGC 工具，包括 You.com、ChatGPT、微软 BING 图像创建者和 Midjounery 等生成内容，它的完稿在读者以自己的方式理解后又将成为某一个环境下内容的输入。文本的输入与输出是语言模型和文本/图像模型之间的一个关键区别，这听起来可能是一个神秘的细节，但它对生成式 AI 有深远的影响。为什么这很重要？因为它能够实现被称为"提示链"的东西。尽管大型语言模型的能力令人难以置信，但我们希望它们完成的许多任务过于复杂，无法由模型的一次运行来完成，即需要中间行动或多步骤推理任务来完成。"提示链"使用户能够将一个泛在的目标分解成各种更简单的子任务，以便于语言模型可以连续处理，一个子任务的输出可以作为下一个子任务的输入，这样上下文不断地勾连起来，就形成一个看起来越来越聪明的答案。巧妙的"提示链"使 LLM 能够进行比其他方式更复杂的活动，还使模型能够从外部工具中检索信息（例如谷歌搜索引擎从一个给定的 URL 中提取信息），把这个动作作为链中的一个环节。提示链的一个说明性例子来自 Dust，这是一家新成立的创业公司，建立了帮助人们使用生成性语言模型的工具。Dust 建立了一个网络搜索助手，可以回答用户的问题，方法是在谷歌搜索，取前三个结果，从这些网站上提取内容进行总结，然后综合出一个包括引用的最终答案。另一个有趣的"提示链"的例子：一个应用程序在提供研究论文的 URL 时，会自动生成一个总结该论文要点的 Twitter 线程，"提示链"将使由 LLM 驱动的应用程序的创建更具有可组合性、可扩展性和可解释性。它将使复杂的软件程序的创建具有一般化的能力。但在文本到图像的 AI 中，没有等同于这种递归的丰富性。

第三点则与第二点有关。在产品化和运作 LLM 的过程中，最重要的考虑之一是如何以及何时让人参与进来。至少在最初，大多数生成性语言应用不会以完全自动化的方式部署。对其输出的某种程度的人为监督将是审慎的或必要的。这到底是什么样子的，将根据应用的不同而有很大的差异。在不久的将来，人类用户对 LLM 应用程序最自然的参与模式将是迭代和协作，也就是说，终端用户将是循环中的人类。例如，人类用户将向模型提出一个初始提示（或"提示链"），以产生一个给定的输出；审查输出，然后调整提示，以提高输出的质量；在同一提示上多次运行模型，以选择模型输出的最相关版本；然后在将语言部署到其预期用途之前，手动完善这一输出。这种类型的工作流程将对上面讨论的许多例子应用有效，如起草合同、撰写新闻文章、撰写学术资助提案等。如果 AI 系统可以产生一个 50% 或 75%～90% 的开箱即用的草案，这将转化为大量的时间节约和价值创造。对于一些风险较低的应用——编写外发销售电邮或网站副本——技术将很快变得足够先进和强大，以至于被潜在的生产力提升所激励的用户将感到舒适，因此可以将应用程序端到端自动化，无须人类参与。在另一端，一些对安全至关重要的应用（例如使用生成模型来诊断和建议个别病人的治疗方法）在可预见的未来需要人类在循环中审查和批准模型的输出。

生成语言技术正在以不可思议的速度快速推进。像 OpenAI 和 Cohere 这样的行业领导者也会继续发布新的模型。与今天的模型相比，这些新模型在语言能力方面将有巨大的、阶跃式的改进（这些模型本身已经非常强大）。从长远来看，这一趋势将是决定性的和不可逆转的：随着这些模型变得更好，随着建立在它们之上的产品将变得更容易使用和更深入地嵌入在现有的工作流程中，我们将把更多的社会日常功能的责任交给 AI，只需要很少监督或根本无须人类监督。越来越多的上述应用将由我们授权的语言模型以闭环的方式进行端到端的决策和行动。对今天的读者来说，这可能听起来令人吃惊，甚至是可怕的，但我们将越来越适应这样的现实：机器可以具备比人类更有效、更快速、更经济、更可靠的规范性和标准化处理功能。大规模的颠覆和巨大的价值创造已经来临，新人类、新公司、新世界正在形成。

5.3　中国的 AIGC 发展

5.3.1　AIGC 蓄势待发

我国政府多年来一直在 AI 领域加大支持力度，出台了一系列相关政策和规划，鼓励企业和机构在该领域进行创新和研发，客观上推动和促进了 AIGC 技术的快速发展。2017 年，《新一代人工智能发展规划》的发布为中国 AI 整体发展指明了方向。2018 年起，国家开始推动建设人工智能创新发展试验区，并在多个城市成立了智慧城市实验室。2021 年，国务院印发《"十四五"数字经济发展规划的通知》，明确提出到 2025 年，数字经济核心产业增加值占 GDP 比重达到 10%的总目标。2022 年，国务院进一步发布了《关于构建数据基础制度更好发挥数据要素作用的意见》，提出了保障数据安全、促进数据开放和共享等政策措施，也为 AIGC 的大规模数据训练铺平了前行的道路。2023 年 4 月 3 日，国家科学技术部表示：在 AI 方面，科技部专门加强顶层设计，成立人工智能规划推进办公室，启动实施新一代人工智能重大科技项目，在数字孪生、数字制造、智慧医疗等方面都做了相应部署。同时，针对人工智能发展过程中的一些风险和问题，制定发布《新一代人工智能治理原则——发展负责任的人工智能》和《新一代人工智能伦理规范》，推动科技向善、造福人类。此外，中国还在不断拓展与国际前沿的 AIGC

研究机构和企业的交流合作，积极参与国际标准制定和知识产权保护等方面的工作，以推进全球 AIGC 领域的交流和合作。基于国内 AIGC 蓬勃的发展势头，我国也已成为全球最大的 AIGC 专利申请国之一。

AI 产生的内容有助于重新定义行业[①]，成为推动数字内容创新的新引擎，改写内容创作的规则，将人类创作者从烦琐的时间密集型任务中解放出来，在金融、文化、旅游、教育和医疗等领域有广泛的应用。我国科技公司正在加紧努力进军 AIGC 领域，2022 年以来，研发类 ChatGPT 产品、应用，或将相关技术引入国内（合作研发或通过 API 接入）的企业已超过百家。其中所有的传统互联网巨头全部入局，在垂直细分领域有深耕的新生代专业公司，在快销领域则有大量传统公司依托 AIGC 技术实现业务再造，以及为如上公司提供配套服务的公司。中国在 AIGC 领域迸发出巨大的动力和潜力，目前主要集中在以下几个方面：

- 语音识别和自然语言处理方面：包括智能客服、智能语音助理、机器翻译等应用。
- 图像识别和计算机视觉方面：包括人脸识别、图像搜索、视频监控等应用。
- 营销内容生成方面：包括广告文案、产品描述、社交媒体帖子等应用。
- 自动化决策方面：包括风险控制、自动化交易等应用。

我国的行业巨头正在 AIGC 领域持续发力，计划或正在推出各种具有创新性的产品和解决方案。例如：

- 华为云的盘古系列 AI 大模型即将正式上线，该大模型由 NLP 大模型、CV 大模型、多模态大模型、科学计算大模型等多个大模型构成。相比文心一言，华为盘古大模型除了 NLP 能力之外，还可应用在分子、金融、气象等更广泛的领域。
- 字节跳动将在大模型方面布局，在语言与图像模态方面发力，并推出大模型。"剪映"则是字节跳动推出的一款由 AI 驱动的短视频编辑软件，用户只需输入几个关键词或一段文字，就能生成创意视频。短视频平台"快手"表示：其视频编辑工具"云集"可以完成 80% 以上的视频内容制作工作，并大幅提高创作者的效率。
- 京东云旗下"言犀"人工智能应用平台将推出 ChatJD，定位为产业版 ChatGPT。京东把言犀定义为以 AI 技术驱动，从文字、语音到多模态交互，从对话智能到情感智能，聚焦体验、效率与转化的新一代智能人机交互平

---

① AI-generated content helping redefine industry，ChinaDaily，2022.

台，面向不同行业和客户场景助力企业服务和营销实现数智化转型升级。

- 百度先于2022年8月发布了其AI驱动的艺术生成平台"文心雕龙"，用户只需输入一个提示就能完成一幅画。其后发布了AI助理，再于2023年3月正式推出大语言模型"文心一言"，并把它描述成百度全新一代知识增强大语言模型，能够与人对话互动，回答问题，协助创作，高效便捷地帮助人们获取信息、知识和灵感。

- 腾讯透露其"腾讯混元"AI大模型覆盖NLP、CV、多模态等基础模型和众多行业与领域模型，还推出了中文NLP预训练模型。

- 阿里云称已持续推出多个版本的中文多模态预训练模型M6，参数逐步从百亿规模扩展到十万亿规模，已在超40个场景中应用，日调用量上亿。

中国的AIGC蓄势待发，但目前所能真正体验的产品还不够丰富。相对于需要大量投资来进行基础研发，传统企业直接使用AIGC来打造新生产力，促成业务的升级再造也是大势所趋。在传统企业借助AIGC迅速实现业务升级转型过程中，它们通过自主研发或者与大型企业合作来实现技术落地和商业化转化。例如，流行文化集团公司在AIGC的应用上已取得了阶段性成果，ChatGPT的应用也正在公司的深圳技术中心持续开发，流行文化在产品设计上充分运用了AIGC的创意和效率优势，它们以街舞为应用场景中心，以IP内容为生产核心，通过AIGC设计了大量的街舞相关产品及衍生品的概念图，包括鞋、服装、饰品、车库套件等，并通过网络销售。展望未来，流行文化将继续专注于其业务核心要素——街舞，并进一步借助数字化和AI生产力实现其长期发展的目标。

在各个垂直领域，我国正在不断探索和拓展其他应用场景。例如，在医疗健康领域，AIGC技术可应用于医学影像诊断、药品开发、精准医疗等方面。在金融领域，AIGC技术被应用于风险管理、智能投顾、信用评估等方面，例如百融云创表示：在垂直领域，AIGC早已有了广泛应用，智能语音机器人可以助力银行客服完成信用卡、理财营销、客户回访等工作，减少金融机构客服人工投入，帮助金融机构降本增效。此外，在教育、交通、安防、娱乐等领域也有相关的应用，例如网易有道将推出自研的教育场景下类ChatGPT模型，模型名字确定为"子曰"。基于"子曰"研发的AI口语老师和中文作文批改DEMO已完成，近期开放内测。另外，网易早在2022年就发布了一站式AI音乐创作平台"天音"，作者可以通过输入歌词来定制歌曲，然后选择一个虚拟人来唱这首歌。360表示正计划尽快推出类ChatGPT技术的DEMO应用，在继续全力自研生成式大语言模型技术的同时，将占据场景做出相关产品服务。

5.3.2 中国 AIGC 生态

AIGC 作为 AI 发展的一个阶段，其产业链依托的核心资源并没有发生转变，依然包括算数、算力、算法模型和应用场景。如图 5-3 所示可以分为上游、中游、下游。上游主要是算数和算法 / 模型提供商，这是在第 5 章 5.1 节中描述的资本宠儿中的第二类别，它们掌握 AI 的命脉——大量的数据资源。中游是大量的 AIGC 应用类公司，覆盖了常见的文本、图像、音视频、游戏等，由它们来持续做大市场，为终端客户提供服务，从而联动上下游的发展。当然也有个别横穿上中游的公司，从数据、算法 / 模型和应用全由自己掌控。下游是产品的分发渠道或内容服务机构。例如，由于伦理与安全的需要，AIGC 的内容可能需要第三方进行审核，为了提升分发与推广的效率与效果，需要进一步对内容进行优化。而贯穿上下游的是算力，算力在每个环节都十分需要，在上游的模型训练环节尤其如此。就像本书第 6 章中所描述的那样，目前全球大规模训练 AI 模型所需的算力，逐年呈十倍的规模要求增长，在这种算力消耗增长已完全超过摩尔定律发展速度的背景下，其原因是少数机构把持了更多份额的算力资源以确保其领先的竞争优势。从这个意义上讲，由于地缘政治和科技垄断，算力作为新的生产力在全球的分配并不均衡，通常由巨头们把持着最新、最强、规模最为宏大的算力资源，这或是新进入者或小企业一条难以逾越的鸿沟，所以企业需要根据自己的优势与发展目标，在产业链的上下游找到适合自己的位置，这才是最重要的！

图 5-3 我国 AIGC 行业生态

资料来源：基于量子位智库图表改编

根据图 5-3 所示的 AIGC 产业链及相关赛道的公司，我们不妨对国内相关公司做一下梳理。其中部分上市公司包括（排名不分先后）：

- 腾讯。腾讯 AI Lab 基于自己的多模态学习及生成能力在游戏领域进行了全流程的布局。"绝悟" AI 通过强化学习来模仿真实玩家，包括发育、运营、协作等指标类别，以及每分钟手速、技能释放频率、命中率、击杀数等具体参数，让 AI 更接近正式服玩家真实表现，将测试的总体准确性提升到 95%。目前"绝悟"在环境观测、图像信息处理、探索效率等方面的创新算法已经突破了可用英雄限制（英雄池数量从 40 增加到 100），让 AI 完全掌握所有英雄的所有技能并达到职业电竞水平，能应对高达 10^{15} 的英雄组合数变化。目前，腾讯 AI Lab 还与《王者荣耀》联合推出了 AI 开放研究平台"开悟"，并积极举办相关赛事。

- 阿里巴巴。阿里巴巴智能设计实验室研发虚拟模特"塔玑"及 AI 视觉物料生成系统"阿里鹿班"，从 2020 年年初便启动中文大模型研发。2021 年阿里巴巴先后发布国内首个超百亿参数的多模态大模型 M6，被称为"中文版 GPT3"的语言大模型 PLUG，此后还训练实现了全球首个 10 万亿参数 AI 模型。为推动中国大模型研发和应用，阿里巴巴在"魔搭"社区上开源了十多个百亿参数的核心大模型。

- 昆仑万维。作为国内最早布局 AIGC 领域的公司之一，已投入近两年时间。公司成立了 MusicXLab，致力于打造领先的 AI 音乐生成技术，目前已正式销售 AI 作曲，具备成熟专业的全链路音乐制作和全球音乐发行能力。2022 年第三季度，MusicXLab 再推出 10 首新作 AI 歌曲，算法模型及 AIGC 能力不断优化提升。目前新歌已在国内外各大平台上线。昆仑万维除了在国内外各大平台再推新歌之外，也积极拓展了车企、教育、时尚、游戏、娱乐等各个行业的合作生态，达成了歌曲代销、车机音源、公播音乐、AI 音乐辅学、品牌联名主题曲、有声书及视频配乐等落地业务。例如，MusicXLab 与音乐公司达成歌曲代销合作、与头部车企达成 AIGC 战略合作、与游戏公司签约 BGM 长期合作、与教育机构达成 AI 音乐评价辅学合作等。

- 中文在线。公司已推出 AI 绘画功能和 AI 文字辅助创作功能，其中 AI 文字辅助创作功能已上线，该功能已向公司旗下 17K 文学平台全部作者开放。公司深度结合作者的真实写作场景，作者在使用 AIGC 功能时，通过针对不同的描写场景填写关键词和辅助短语，即可生成对应的文字内容描写，提高写作效率。目前可针对人物、物品等进行 AI 辅助创作，并针对不同的作品类别如古风、都市等进行语言调整，带来最佳的内容产出体验，大幅提升创作效率和内容的可读性。

- 拓尔思。公司已落地了一批服务型虚拟人项目，其中与广东省共建"南方乡村振兴新农人 AI 数智赋能平台"，定位于农产品直播内容智能创作的 AIGC 在线服务平台，主要面向农产品电商主播提供直播脚本智能创作、带货虚拟人全链租用等知识赋能服务。2022 年世界杯举办期间，公司将利用自研互联网大数据资讯平台，对世界杯相关的热点和话题进行大数据分析和研判，通过 AIGC 的内容自动创作与虚拟数字人进行联合，开展"大数据看世界杯"的虚拟数字人系列服务。

- 中科金财。2022 年服贸会期间，公司发布了中科金财"元宇宙技术服务矩阵"，其中，公司基于 Web 3.0 规则架构，研发了数字人内容制作引擎、元宇宙场景开发工具，并通过 AIGC 的企业级内容互动创作平台，实现与中科金财元宇宙数字化营销平台"觅际"融合，公司作为邮储银行北京分行在服贸会上的合作伙伴，通过上述技术服务，首次实现了"沉浸式购物＋数字人民币"场景落地。

- 汉仪股份。公司紧随信息技术、人工智能的发展步伐，及时将先进的信息技术应用于字库行业，形成了以大数据、AI 为基础的技术储备。公司几年前已经开始研究 AIGC 技术，利用 AIGC 来提升字体生成的效率，目前已经在公司内部大范围使用。

- 视觉中国。公司在 AI 方面持续投入，已发售数轮 AI 数字藏品，并使用 AIGC 方式创作图片内容，目前平台仍在大力投入 AI 布局。

- 万兴科技。已布局虚拟数字人、虚拟场景、虚拟直播等创新业务领域。近日在 2022 全球元宇宙大会论坛上宣布布局 AIGC 赛道，公司旗下首款 AI 绘画软件"万兴 AI 绘画"正式开启公测。

- 新国都。公司全资子公司新国都智能基于图像深度学习、计算机视觉等前沿 AI 技术，积极探索 AI 人工智能技术在 AIGC、智能驾驶等领域的应用。

2023 年 3 月，量子位智库举办了中国 AIGC 产业峰会，重点发布了《中国 AIGC 产业全景报告》，该报告预测，AIGC 在 2023 年的规模为 170 亿元人民币，到 2030 年 AIGC 市场规模将达到 1.5 万亿元。报告还提出了 AIGC 的广义概念，即它还包括策略生成与蛋白质结构生成等。我们认为，随着 AIGC 的不断发展，其概念、内涵和边界不断被扩展，就像本书在第3章中介绍的，在工业领域，AIGC已有多年的应用并且硕果累累，在工业领域的AIGC应用不仅体现出了创意、效率与廉价的特征，还体现出了在人所不及的科研与制造领域所能发挥的巨大作用。

如图5-4所示，峰会上同时发布了中国AIGC领域最值得关注的50家公司。量子位智库表示他们基于长期的行业跟踪与广泛市场调研，全面立体描绘了我国当前AIGC产业的竞争力图谱，汇总评选出了目前国内最值得关注的50家AIGC机构。与上面列举的"无所不能"的行业巨头不同，我们结合量子位智库在2022年提出的国内最值得关注的AIGC企业，对以下专注于此领域的代表性企业做一个简单介绍：

- 小冰公司。小冰框架是全球承载交互量最大的完备AI框架之一，在开放域对话、多模态交互、超级自然语音、神经网络渲染及内容生成领域居于全球领先。小冰的产品始终是"人+交互+内容"，具体包括：虚拟人（夏语冰、虚拟男友和国家队人工智能裁判与教练系统"观君"等在垂直场景中工作的虚拟人类）、音频生成（主攻超级语言及歌声，在线歌曲生成平台与歌手歌声合成软件X studio）、视觉创造（《或然世界》为国家纺织品开发中心、万事利等数百家机构提供了图案和纹样设计）、文本创造（2017年即推出《小冰诗集》）、虚拟社交、Game AI等。

- DeepMusic（灵动音科技）。DeepMusic致力于运用AI

图5-4　中国AIGC领域最值得关注的50家公司

资料来源：量子位

技术从作词、作曲、编曲、演唱、混音等方面全方位降低音乐创作及制作门槛，为音乐行业提供新的产品体验，提升效率。产品包括针对视频生成配乐的配乐猫、支持非音乐专业人员创作的口袋音乐、可通过 AI 生成歌词的 LYRICA，以及 AI 作曲软件 LAZYCOMPOSER。目前已与国内多家音乐平台厂商达成合作。其音乐标注团队已形成了全球最精确的华语歌曲音乐信息库。

- 倒映有声。这是一家无人驱动数字分身技术解决方案供应商，通过自研神经渲染技术和 TTSA 技术，实现基于文本实时生成高质量语音（音频）和动画（视频），致力于成为 AI 数字人神经渲染引擎。倒映有声将其虚拟人的高自然度归结于神经渲染（Neural Rendering）、TTSA（基于文本和语音合成实时生成音频和视频）、ETTS（富情感语音合成）、Digital Twin。通过神经渲染技术快速构建 AI 数字分身，通过"语音＋图像"生成技术生成和驱动数字分身的唇形、表情、动作、肢体姿态，创造表情自然、动作流畅、语音充满情感的高拟真度数字分身 IP。2021 年 3 月倒映有声和音频客户端"云听"签署战略合作协议。

- rct AI。rct AI 致力于运用 AI 为游戏行业提供完整的解决方案，利用 AIGC 创造真正的元宇宙。rct AI 的混沌球（Chaos Box）算法可以在游戏中大规模地轻松地生成具有智能意识的虚拟角色。它们的行为和对话不会重复，皆为动态生成。在游戏场景中，部署具有不同性格的智能 NPC，通过对话、行为等动态交互，增加玩家的游戏时长，同时提供新的变现途径。具体包括性格化 NPC、对抗式 AI、互动式 AI、大规模智能 NPC 部署、智能留存及智能运营策略等。

- 超参数。超参数致力于"打造有生命的 AI"，创造一个 10 亿人与 100 亿 AI 共同生活的虚拟世界。超参数围绕 L1～L4 技术路径打造极致的 AI Bot，逐步为广泛用户带来全新的虚拟世界体验。超参数科技提供的 AI Bot 支持玩家陪玩（如 3D 生存游戏《AI 猎户座 α》）、多人团队竞技（如《球球大作战》）、非完美信息博弈 AI（斗地主、德州扑克、麻将等）等。自有游戏 AI 平台 Delta 采用全新的"AI＋游戏"研发管线，为开发侧和体验侧两端带来范式创新。

- 影谱科技。它们聚集于 AI 视觉技术产业化，是国内领先的智能影像生产技术提供商及应用方案提供商。通过 ACM（影像商业化引擎）、AGC（影像工业化引擎）和 ADT（数字孪生引擎）三大引擎，面向媒体、文化、科教等多行业领域提供一站式的智能解决方案。在视频生成相关领域支持结构化视觉分析、影像自动合成技术（将视频短片、图片、音轨等按照规定效果批量化自动拼接）、智能视频编辑（基于视频中多模态信息的特征融合进行学习，按照氛围、情绪等高级语意限定，对满足条件的片段进行检测并合成）、视频内容生成（对视频中的镜头、元素和场景采用不同的生成方式，同时对组件的组合方式进行学习，实现视频的自动化生成）、行为动作分析、场景信息恢复、跨模态转换等。

关于我国的 AIGC 市场发展，B 端和 C 端两个应用领域谁更早成熟的问题，我们认为不需要将其分开看待，和国际上一样，我国也会走 B 端 +C 端融合发展之路，因为这两者是相生共存的。C 端市场个人应用的成本与要求都不高，容错性相对较高，但离大规模收费还为时尚早；B 端市场渴望通过性价比高的工具提升生产力，但会涉及系统升级改造与员工培训等问题，且容错性相对较低，但付费意愿相对个人来说更强。B 端与 C 端的特点不同，但用户身份上又相互交织。在竞争中，中国的 AIGC 产业直接面对一个完全国际化的市场。可以预见，像 GPT4 或后续的 GPT5、GPT6 这样新的模型，会很快蔓延开来，它不仅与 Office 这样的大众化软件深度融合，而且会通过内置于移动终端使其无处不在。在这样的背景下，每个用户都会同时具有 C 端和 B 端的双重属性，就像现在我们每个人有自己的微信，但同时这个身份会出现在企业微信中，这两个系统中的信息交互是相互独立的，但并不影响用户在两者之间灵活切换。所以，既要充分发挥 C 端市场引发个人兴趣的优势，又要充分发挥 B 端市场在创造商业价值方面的优势，B 端 +C 端的结合才是最好的发展模式。

虽然我国 AIGC 产业发展迸发出前所未有的活力，但总体上仍处于发展初期，底层技术相较国外仍有较大差距，除了 AIGC 行业人才供给不足，我们在整体算力的供给上面临了很大的缺口。国内从最先兴起的 AI 写作和语音合成、虚拟人概念起步，目前技术层面的差距导致在内容质量上相对于国际先进水平还是稍逊一筹。还有，目前诸多大平台都开通了 AIGC 工具的免费试用（有的需要在排队机制中等候通知），其商业模式尚不够健壮。但一个企业要形成成熟的商业模式，无论是 B 端还是 C 端，都需要在质量、定价与用户规模三者之间取得协同与互促的发展，而这三者目前来说都在试水阶段。目前我国 AIGC 的主要客户集中在 B 端，尽管 AIGC 的功能十分惊艳，但厂商话语权还相对较弱。原因有三：第一，很多企业处于观望阶段，AIGC 并不是一种刚需，传统的运作方式依然有效；第二，因为 AIGC 工具带来的实质性的经营改善，仍然需要一段时间才能验证，之后它的商业价值也才能衡量；第三，掌握这些 AIGC 工具看似简单，但 B 端的企业级应用还是比较复杂的，这些内容虽然非常容易生成，但在企业级个性化质量与细节方面的水平，仍然与客户期望有一定的差距。在实践中，对于 B 端客户来说，与其花时间学习这些技能以掌握使用，还不如通过外包的形式交给 AIGC 服务商来完成。例如，把一个电商平台的人物互动完全交由 AIGC 服务商来完成，而 AIGC 服务商只需要从业绩中分成就好了。

虽然 AIGC 在推进过程中会遇到很多问题，但毕竟整体上处于积极的产业上行通道。不可否认，我国的 AIGC 领域拥有广泛的市场前景和应用空间，未来将会继续呈现稳步增长的态势，并带动其他行业的数字化转型和升级。

第 6 章
AIGC 的挑战

　　有人认为，目前一边倒的投资只能表明，投资者似乎从根本上误解了那些拟人化语言模型背后的基础技术——虽然惊艳但是伪创新。虽然这些机器人，特别是 ChatGPT 和由 OpenAI 驱动的 Bing 搜索，听起来确实令人印象深刻，但它们实际上并不是在真正地创新信息，它们无法提供有思想、有分析，甚至通常正确的答案。相反，就像智能输入法的联想功能，智能手机、电邮程序中的文本预测功能一样，只是预测一句话中接下来可能出现的词或下一句是什么。每一个提示性反馈本质上都是一个概率方程，而不是任何对目前材料基于真正理解基础上的回应，这导致了 AI "幻觉"现象，即它是以机械的方式工作的，但机器反馈得非常自信，有时甚至到了"不折不挠"的地步，在提供错误的答案时，这种技术的严重失败变得更加复杂，因为机器不会明白自己已经错了，如果人类不加以干预和纠正的话，那么机器就会一直错下去。比如当 ChatGPT 对一个名称进行错误定义的时候，而用户也没有发现和纠正，并持续发问，那么接下来的反馈将全都是错的，此时人类使用了它，一方面给了最终使用者错误的信息，另一方面会加剧这种错误理解的扩展。所以，这些人把目前的阶段视作典型的正在经历炒作周期的技术。

如图 6-1 所示，根据 Gartner 的说法，生成式 AI 处于预期膨胀高峰的前夜，达到生产力高原阶段还需要 2 ～ 5 年；而自然语言处理正进入幻想破灭的低谷，并持续相当长的低谷时期并需要 5 ～ 10 年的时间才能进入生产力高原的阶段。由于这份报告出现在 ChatGPT 发布之前，所以可能远远低估了生成式 AI 和自然语言的发展水平。从现在看来，一方面，生成式 AI 与自然语言非常接近而并非两个相互独立的发展领域。另一方面，我们看到 AIGC 为代表的生成性 AI 技术正扑面而来，每天都有新的应用出现，绝非处于低谷。即使基于自然语言的生成式 AI 确实存在一些泡沫，但这次泡沫的周期比以往任何阶段的 AI 热点要短。我们会发现，图 6-1 中的很多点都有不同的炒作（期望）周期，事实上很难把所有的关键点放在一个曲线上来分析。因为这些关于 AI 的概念一直在更新，同时概念的内涵也在延伸甚至产生交集，这或许是制作发展曲线的人始料未及的。

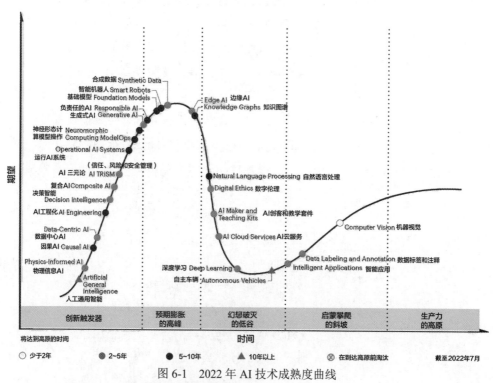

图 6-1　2022 年 AI 技术成熟度曲线

图片来源：Gartner，2022

当然有人把这种炒作归结为邓宁·克鲁格效应[①]，这个效应不是为了 AIGC 而创造的，而是早就已经有了，主要用来揭示人类在接受新事物过程中奇特的心理过程，如图 6-2 所示。以 ChatGPT 为例，几乎所有的人都经历了第一个阶段，即为它带来的强大功能所震撼和折服，特别是 AIGC 的作品竟然屡获殊荣的时候。部分用户持续使用进入了第二个阶段，它发现其工作的机理，认清了它作为一个工具的事实，虽然通用性的内容很容易被生成，但反复地使用经常都基于类似的结构，且对于容易混淆的概念它也无法区分。当进入了第三个阶段，你发现它会基于错误的信息持续生成错误的信息，这种开始的热情开始减退，开始放弃那些与你生活工作无关的问答，聚焦于重要的事务，就像你决定不再沉溺于短视频工具一样。再后来，就如你看到了本章提及的不被信任的问题，确实在很大程度上 ChatGPT 是不可信的，它的信息来自互联网，不再有人为你做人工的审核，在输出大量内容时，AIGC 为避免侵权而把内容糅合，这也是产生不正确或不准确的原因之一。

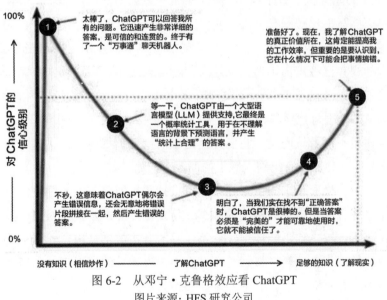

图 6-2　从邓宁·克鲁格效应看 ChatGPT
图片来源：HFS 研究公司

无论如何，随着人们获得专业知识和更深入的理解，ChatGPT 的炒作会减弱。AIGC 来得如此之快，人们正在从 AIGC 创造的价值中获益。当技术与效率形成正向循环的时候，实际的收益与经济发展会冲淡所谓的泡沫，实现健康的发展。我

---

① 邓宁·克鲁格效应（Dunning-Kruger effect）指的是能力欠缺的人在自己欠考虑的决定的基础上得出错误结论，但是无法正确认识到自身的不足，是一种认知偏差现象。这些能力欠缺者沉浸在自我营造的虚幻的优势之中，常常高估自己的能力水平，无法客观评价他人的能力。

们不能指望一个不兴起的事物会遇到真实的问题，也不会有人来解决问题。一个好的事物会令很多人都必须为了它的好处而解决相应的问题，这些问题在本章下面的内容中做了阐述，这不是消极的对待，而是积极的对待，只有在更多的人的权益受到保护的同时创造新的价值，技术才会健康发展。

6.1　侵权与不可信

以 ChatGPT 为代表的生成式 AI 迅速崛起，也迅速带来了一些法律和伦理问题，例如"深度的伪造"。在媒体、娱乐中出现的声称是真实的材料，实际上很多是由 AIGC 完成的。在此之前，深度造假需要相当多的计算技能和资源，而现在则是易如反掌，唾手可得，几乎任何人都能创造它们，使用移动端的 App 在几秒钟内就可完成。因此，作为一种人工再造的标识，OpenAI 已经试图在每张 DALL · E 2 的图像上"打水印"，但显然又严重影响到用户体验，即使用户可以接受，也可能马上出现一个 AIGC 的抠图工具，专门用来去除 DALL · E2 上的水印。图像只是一个小小的缩影，未来可能需要更多的控制。特别在音视频方面，移花接木的视频已经层出不穷。在这个问题上，文本、图像和音视频的创建者认为，这些作品是通过不断提示（发问）来生成的，与以前的任何内容都不一样，况且这些 AIGC 平台也声称没有直接使用任何人的版权，它只是基于一些特征的不同聚合。但不可否认的是，它们显然是以前用于训练模型的文本、图像、音视频的衍生品——你并没有吃别人碗里的面条，但偷了人家家里的面粉！

相对于改头换面带来的侵权隐患，直接抄袭可能带来的问题更严重。因为它们经常重复或转述来自互联网上的数据，特别是专业的数据或报告，发布者通常会表明在获得授权之前不能使用，或不能够对其中的部分内容断章取义。然后还有所涉及的数据安全风险，特别是在涉及客户保密性的情况下。当新的信息被输入作为 AIGC 的素材时，它很有可能会成为其数据存储库的一部分，并被公开提供给其他用户，并不断地持续输出给更多的人。于是秘密曝光了，或者内容在断章取义基础上再改头换面，那么真实的内容就面目全非了。

表 6-1 列出了 AIGC 在可信度方面的问题及解决方案，对于日常使用或小说作者，这些可信度的问题可能并没有那么严重，但某种程度上机器想象力也是一种优势。但对于专业领域，如医疗健康、法律法规和工业领域，如航天、芯片、化工则事关重大。表 6-1 中的解决方案是 ChatGPT 自己提供的，它更多是提供了指导性的方向，真正在实际工作中解决这些问题要复杂很多。

表 6-1　AIGC 在可信度方面潜在的问题及解决方案

AIGC 在可信度方面的问题	
数据来源	AIGC 生成的内容往往是基于大量数据训练得出的，因此需要确保数据的来源可靠、真实，避免因数据不准确或者有误导性而影响到生成的内容
算法透明性	为了让用户更好地理解 AIGC 生成内容的过程和结果，需要保证算法的透明性，即公开 AIGC 生成内容的算法、流程、模型等信息
标准化评估	应该建立标准化的评估机制，对 AIGC 生成的内容进行评估和验证，确保其质量和可信度
加强监管	需要加强对 AIGC 智能创作的监管，建立相应的法律和政策框架，以保证 AIGC 生成的内容符合法律、规范和道德准则
安全性	将 AIGC 智能创作服务放在互联网上，需要加强对网络安全的防护，避免黑客攻击、数据泄露等问题
解决方案	
以上是 AIGC 在可信度方面需要注意的具体内容。为了确保 AIGC 智能创作的可信，需要跨学科、跨部门合作，采取多种措施，从技术、管理、政策等多个角度入手，持续不断地提高 AIGC 智能创作的可信度和质量	
反欺诈措施	为防止欺诈行为，需要采取反欺诈措施，例如人机验证、数据监测等
用户隐私保护	AIGC 智能创作服务处理大量用户数据，需要保护用户隐私和个人信息，确保不会泄露或滥用这些数据
透明度和可追溯性	AIGC 生成的内容应该具有透明度和可追溯性，用户可以查看内容来源、生成过程、修改历史等信息，从而增加生成内容的可信度
审查机制	需要建立审查机制，对 AIGC 生成的内容进行审核和监督，发现问题及时处理，并向用户公示处理结果
教育用户	教育用户如何正确使用 AIGC 智能创作服务，让用户了解其局限性和风险，避免错误使用导致的问题
可解释性	AIGC 生成内容的结果需要能够被解释和理解，这样用户才能够使用并信任这些内容
多样性和公正性	为了避免 AIGC 生成内容的单一化和偏见，需要注重多样性和公正性，采用多个数据源、多个算法和方法来生成内容，避免对某一方向进行偏好或排斥
风险评估	需要对 AIGC 智能创作服务可能带来的风险进行评估，及时发现和解决潜在的问题
遵守法律法规	在 AIGC 智能创作服务中必须严格遵守相关的法律法规，包括但不限于知识产权、隐私等方面的法规
透明披露	应该将 AIGC 生成的内容和算法等信息进行透明披露，让用户能够更好地了解 AIGC 智能创作服务的运作和机制

资料来源：ChatGPT

不可阻挡和逆转的趋势是，AIGC 可能很快就作为标配来制作我们大部分或全部的书面或基于图像的内容——为电邮、信件、文章、计算机程序、报告、博客文章、演讲、视频生成初稿或纲要。毫无疑问，这种能力的发展将对内容所有权和知识产权保护产生戏剧性和不可预见的影响，但它们也有可能彻底改变知识和创造性工作。假设这些 AI 模型在其存在的短暂时间内继续进步，我们很难想象它们可能产生的所有机会和影响[①]。

虽然谷歌在 2023 年 2 月表示，AI 生成的内容不违反其搜索指南，但并非表示让 AIGC 生成的内容在搜索和排名上畅通无阻。当涉及 AIGC 自动生成的内容时，谷歌强调他们的指导意见多年来是一致的，如果以操纵搜索结果排名为主要目的来使用自动化功能，那么就违反了谷歌的网络垃圾政策。长期以来，自动化一直被用来生成有用的内容，例如体育比赛成绩、天气预报和成绩单。AI 有能力为新的表达和创造水平提供动力，并作为一个重要的工具，帮助人们为网络创造伟大的内容，AI 富有价值和基于人类创作思想的使用是合适的。从技术上讲，谷歌将允许 AIGC 的内容在搜索中获得排名，但前提是它不是有意的操控而是富有真实价值的内容。谷歌表示，人类作者并不一定需要披露是否使用了 AIGC 工具，但建议披露。

如今要在谷歌的 SERP 排名，必须在内容战略中展示 E-E-A-T[②]。在 ChatGPT 推出后不久，谷歌就宣布在其搜索质量评估员指南中增加了一个额外的 E，这可能不是巧合。原先的 E-A-T 是对单个网站进行评分的模板，额外的 E 则代表"经验"，以确保内容是有帮助和相关的。如图 6-3 所示，作为一个质量信号，E-E-A-T 的新组合更为合理。毕竟，在现实世界中，我们信任那些有资质的来源，并且更愿意从权威人士那里获得信息或建议。谷歌在搜索中心的博客中提供了一个参照应用：如果你想找到税务信息，会希望看到由会计专家制作的内容。税务顾问或会计师将是一个非常理想的来源，因为他们在这个问题上有经验、专业知识和权威，所以我们相信他们所说的。因此，我们可以确定得到的是准确和合理的信息。提供实践的经验，通

图 6-3　谷歌对内容进行搜索排名的 E-E-A-T 模型
资料来源：谷歌

①　How Generative AI Is Changing Creative Work，Thomas H. Davenport，Nitin Mittal，2022.
②　谷歌的自动化系统旨在根据许多不同的因素提高优质内容的排名。在确定相关内容后，系统会优先考虑那些看似最有用的内容。为此，系统确定了一些综合因素，这些因素可以帮助确定哪些内容展示了经验、专业性、权威性和可信度的方方面面，简称为 E-E-A-T。

常是人类作者关于所写主题的第一手经验，这在 AIGC 推动的快速发展的数字世界中，人类真实的体验分享尤为重要。这正是 AI 做不到的，它永远无法展示任何事物的真实体验，因为机器本身并不会去真实使用，它是对人类体验或经验的一种转述，或对人类的经验做出假设，同时它产生的内容不会是独一无二的。体验与经验是人类和人工智能编写的内容之间的核心区别。新评分准则表明，作者在某一主题上的体验和经验将在很大程度上体现出专业知识，并最终转化为可信度。

6.2　品质疑云重重

6.2.1　AI 幻觉

日本基础生物学研究所与立命馆大学等组成的共同研究小组发现，通过深度学习后的 AI，也会像人类一样产生错觉，比如把静止图像看成旋转的图像。研究小组制作了一款软件，能够像人脑一样通过看到的信息，在修正估算结果的同时进行学习。通过让人工智能观看旋转的螺旋桨视频，使其进行学习并正确估算旋转方向与旋转速度。接着，给人工智能看北冈明佳教授设计的盘蛇状模样的静止图像，AI 认为图中的圆是旋转的，并估算出了旋转方向与速度，如果调整颜色它就会判断是向相反方向旋转，如图 6-4 所示。就是说，人工智能会像人一样产生错觉。基础生物学研究所动物心理学教授渡边英治表示，该研究表明人工智能也有产生错觉的可能性。

图 6-4　AIGC 对蛇形旋转图不免疫

资料来源：北冈明佳的错视网站

上述示例说明了 AIGC 在视觉方面的一个缺陷，而它品质上的弊端是多方面的。还有更多的内容在 AIGC 的作用下并不理想，表现为以下几类缺点：

- 缺乏原创性和创造性。AIGC 的内容在拼凑内容方面很出色，但不能真正创造出原创或创造性的东西，你只要经常使用就会发现它容易落入俗套，比如它的"总—分"或"总—分—总"结构很好，却感觉言之无物。由于 AIGC 的内容使用的是已有的存在信息，并采用了"1+1＜2"的归纳做法，而没有被赋予真正的从"零到一"创新的灵魂，换言之，它也不会演绎。

- 缺失表达艺术。语气和立场在内容中非常重要，这是赋予内容生命力和关联性的东西，也是 AIGC 无法简单复制的，它学不来人情味，不会煽情更没有情商。在医疗保健领域，用户寻找事实和数字，即使 AIGC 能够准确提供信息，病患群体也期待一些共鸣，特别是在处理与健康有关的话题时，这可能是 AIGC 给予内容和人类医患交流之间的区别。快速的文本新闻出版提升了信息传播的效率，但记者的现场直播仍然很有吸引力，人们需要一些情感的共鸣，既然不到现场，观众可以通过记者的情绪、动作甚至声音的激昂或颤抖中体会到现场的氛围。没有人愿意只看到足球世界杯的结果，我们非常需要参与这个跌宕起伏的过程。

- 灰色地带的内容质量问题。AI 依赖数据和算法的内容。AI 工具可以覆盖一个主题的黑色和白色区域，但在灰色区域会更加主观地输出内容。搜索引擎可能对相关内容进行标记，因为它们的来源相似，AIGG 工具把来自不同网站的内容拼接在一起，并对它们进行重新编辑。如果这个重级的过程不够智能，就会违背谷歌的"缝合和组合内容"准则。出于部分内容对权威性的要求，在没有适当的人工审查的情况下，从各个网站拼凑信息是很难做到的。

- 算法使内容贬值。谷歌在 2022 年 8 月发布了有用的内容更新，强调"由人写的、为人服务的有用内容"。它继续指出，搜索引擎爬虫寻找来自人类的内容，提供了一个更有凝聚力和令人满意的 SEO 实践。这次更新看起来是为了惩罚那些严格按照搜索引擎结果排名优先的内容。AI 工具首先评估 SEO 结果，而没有真正理解文本，所以结果侧重于关键词，而不是为读者提供信息。

- 无中生有。比如 ChatGPT 有时会产生一个完全捏造的研究论文的摘要，它事实上不存在。

有人认为，可以通过简单做法如配置 AIGC 的输出特征来屏蔽掉上述的一些问题。这种方法某种程度上可以控制无益的输出，但对于回答复杂性问题和情感输出仍然是捉襟见肘的。在复杂性问题面前，AIGC 缺乏判断力，难以生成合适的机器文本以提供明确的答案，因此用户通常是把一个复杂问题拆成很多个小问题，逐一进行人机交互。另外，虽然 AIGC 很聪明，但创作取决于环境、经验、上下文关联和引发的情绪，人类在这方面的优势非常明显。AI 可以生成大量文本，但输出的内容缺乏情感，有时还缺少常识，因为它不能像人类作家那样阅读字里行间流动的情感，从而有可能在输出结果时偏离了作者的本意。基于 AIGC 的内容生成器（NLG 程序）基于一系列的算法，进行海量文本量的训练，它们根据单词跟随其他单词的统计概率，将单词串成连贯的句子，它没有任何真正的"智能"，只是输出单词的自动计算器，并不真正关注和理解正在生成的文本。虽然自然语言生成的文本可以提供越来越准确的总结，但仍有一些偏好的领域，如遐想、语气、共鸣、悟道等，难以编入 AI 算法，这需要人类在内容创建过程中进行干预。当然，我们相信，随着时间的推移，数十亿行文本的大型语言模型将使用无监督的机器学习来更好地创建基于 AIGC 的内容。

AIGC 令人敬畏的结果可能使它看起来像一个随时可以使用的技术，但事实并非如此，技术专家仍在解决各种问题，大量的实践和道德问题仍未解决。像人类一样，生成式 AI 也会出错。例如，我们观察到，当该工具被要求创建一个简短的简历时，它为这个人生成了几个不正确的事实，如列出错误的教育机构。过滤器还没有有效地捕捉到不适当的内容。算法从一开始就难以分辨与文化和价值观偏见有关的数据，尽管行业公司正在调整技术以提升性能，但这项工作需要的技术专长和计算能力超出了公司随时可以获得的能力，这是一个更为广泛的道德伦理领域，在每个地区和国家都不尽相同。如果像许多专家担心的那样，"杂牌军"机器人不断制造的内容开始在互联网上泛滥，像 ChatGPT 和 Bing Search 这样的"正规军"机器人将越来越难以分清资料的真伪。这导致值得信赖的信息越来越少，在某种程度上，互联网将成为自己的模仿品而不是真实的样子。

6.2.2　魔鬼藏在细节里

《爱丽丝和火花》的案例同时体现了品质与侵权的双重问题。旧金山湾区的产品设计经理阿玛尔 - 雷西（Ammaar Reshi）从 Midjourney 收集插图，在玩 OpenAI 的 AI 聊天机器人 ChatGPT 时，开始思考如何利用 AI 来制作一本简单的儿童书送给朋友。他在与 ChatGPT 的对话中提取故事元素，讲述一个名叫爱丽丝的年轻女

孩的故事，最终形成了一本 12 页的画册《爱丽丝
和火花》，并开始在亚马逊上销售。这本书也引
发了一场关于 AI 生成的艺术伦理的激烈辩论。如
图 6-5 所示的插图有明显的缺陷，包括人物似乎
有爪子。作为一本儿童读物，它带有严重的审美
和价值观的引导性偏差，可能会造成儿童心理健
康问题。儿童读物由于简短易创，是 AIGC 最早
切入的市场之一，而且非常成功。就在这样的细
分市场却是教育界和孩子的家人们最为关注的领
域，其实它的包容性并不强，首先对于人类作者

图 6-5　备受批评的 AIGC 插图
资料来源：《爱丽丝和火花》

本身来说，必须加强或提升对内容的审核。像作者使用的 Midjourney，作为一种
流行的 AIGC 图像工具，是利用存储于互联网上的数百万张图片的数据集进行训
练的，然后教算法识别这些图片的模式并生成新的图片。这意味着任何在网上上
传作品的艺术家，都可能在未经他们同意的情况下向算法提供信息。许多人认为
这就是高科技形式的剽窃，在不久的将来可能会严重伤害人类艺术家。

医学和健康相关内容的读者在很大程度上依赖准确和直接的信息，因此，当
错误的内容进入网络，用户单击这些不可靠的信息时，网络的权威性和可靠性可
能会受到打击。但这并不意味着 AIGC 完全不可用，医疗保健领域的所有营销内
容都应该由医疗专业人员审查，并且需要在页面上引用该审查。这不仅为用户提
供了信息准确的保证，而且也向搜索引擎和知识图谱发出了可靠的信号。表 6-2
是 ChatGPT 对于品质问题的回应及提出的解决方案。

表 6-2　AIGC 品质方面的潜在问题及解决方案

AIGC 在品质方面的潜在问题	
精度和准确性	AIGC 生成的内容应该具备一定的精度和准确性，符合用户的实际需求和期望，并避免出现错误和误导
可读性和可理解性	AIGC 生成的内容应该具备一定的可读性和可理解性，让用户能够轻松读懂和掌握其中的信息和内容，提高用户体验和满意度
专业性和权威性	AIGC 生成的内容应该具备一定的专业性和权威性，尤其是在特定领域和行业中，保证生成的内容符合行业标准和规范
创意性和独创性	AIGC 生成的内容应该具备一定的创意性和独创性，避免出现重复、模仿或者抄袭等问题，满足用户的多样化需求
风格和语调一致性	AIGC 生成的内容应该具备一定的风格和语调一致性，让用户感受到一种整体的风格和品牌形象，增强用户印象和忠诚度

续表

AIGC 在品质方面的潜在问题	
解决方案	
要提高 AIGC 智能创作的质量，需要从多个方面入手，加强技术研发和算法优化，同时也需要加强管理和监管，建立健全的质量控制和保障体系，推动行业的健康发展	
数据质量和多样性	AIGC 智能创作需要依赖大量的数据进行学习和优化，因此需要保证数据的质量和多样性，避免出现过度拟合等问题，提高生成内容的质量和效率
知识库和语言模型优化	AIGC 智能创作需要建立完善的知识库和语言模型，以提供更准确、丰富和专业的内容，同时也需要不断优化和更新这些资源，以保持其时效性和权威性
人工审核和纠错机制	AIGC 智能创作需要建立完善的人工审核和纠错机制，对生成的内容进行人工审核和校对，及时发现和修正错误和问题，提高内容质量和可靠性
可解释性和透明度	AIGC 智能创作需要加强可解释性和透明度，让用户能够清晰地了解生成内容的原理和过程，避免出现黑箱操作和不可控的局面
版权和法律问题	AIGC 智能创作需要遵守相关的版权和法律规定，尤其是在生成商业内容或者敏感信息时需要格外注意，避免造成不必要的损失和风险
用户反馈和需求	AIGC 智能创作需要充分了解用户反馈和需求，以便优化算法和生成内容，提高用户体验和满意度
多语言支持和本地化	AIGC 智能创作需要支持多种语言和本地化需求，以便适应不同国家和地区的文化和市场需求
语义理解和推理	AIGC 智能创作需要具备一定的语义理解和推理能力，以便生成更加智能和自然的内容，提高用户体验和品牌形象
自我学习和升级	AIGC 智能创作需要具备自我学习和升级的能力，通过不断学习和优化算法，提高生成内容的质量和效率，适应不断变化的市场需求
智能交互和应用	AIGC 智能创作需要与其他智能系统和应用进行交互，以便实现更加智能化和自动化的业务流程和应用场景，提高效率和降低成本

资料来源: ChatGPT

有许多类型的 AI 内容生成器，对消费者和企业有多种用途。ChatGPT 已经存在一段时间了。但他们没有向非技术用户公开这项技术，并引起了人们对 AI 用于生成内容的所有方式的关注。这引发了关于该技术将如何改变工作性质的问题。一些学校因为担心抄袭和作弊而禁用这项技术。律师正在讨论它是否侵犯了版权和其他与数字媒体真实性有关的法律。AIGC 仍然需要大量的人为干预。如果你决定为你的企业使用 AIGC 的内容，很可能需要至少一个人对内容进行编辑和修改，独特性不是机器直接创造的，机器创造的内容很有可能重合，至少结构上非常相似，比如反复使用"总而言之"这个词语，它只有在人的手上才能得到纠正。

6.3 "烧钱"式碳排放

6.3.1 "烧钱"的算力兽

AIGC 无论是在研发还是应用上，投入都非常庞大（微软投给 OpenAI 100 亿美元，而 OpenAI 的估值截至 2023 年 3 月已暴涨到 300 亿美元，以更多的融资推进技术研发）。数据、算力、算法依然是驱动 AIGC 发展的三驾马车，每一项的发展，都需要企业投入大量的资金，尤其是前期的硬件投资更是占企业投入资金的大头。AIGC 从生成文本、图片到多媒体音视频，都需要用到大量数据训练模型，都需要以更快速高效的方式来处理数据集，导致 AIGC 对算力要求呈指数级上升。如图 6-6 所示，分析了 AI 模型训练算力消耗的增长情况，总共分成两个时间段（时代），从 1959 年开始到 2012 年，与 2012 年开始到 2020 年算力消耗增长的比较。从报告中得知，从 1959 年到 2012 年，消耗的算力每两年翻一番，这似乎是延续摩尔定律而产生了类似的趋势，是易于理解的。但后来的情况很不一样，自 2012 年以来用于训练最大 AI 模型的算力每 3 ~ 4 个月就要翻一番，如此累计表明一年就要翻十番。

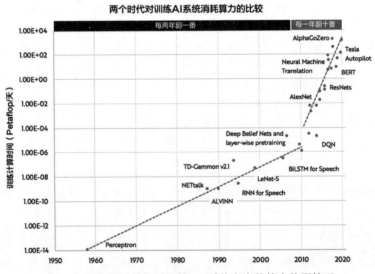

图 6-6 两个不同时代对训练 AI 系统产生的算力使用情况

资料来源：ARK Investment Management LLC

注：Petaflop/ 天是指在一天内每秒执行四亿次操作

如图 6-6 展示了两个不同阶段算力消耗的对比，通过图 6-7 能够更直观地发现，计算量在 2012—2018 年的 7 年里是如何增长了 30 万倍，如果该图把最新的一些突破加进来，包括谷歌的大规模语言模型 BERT、OpenAI 的语言模型 GPT2 或 DeepMind 的"星际争霸 II"游戏模型 AlphaStar，那么曲线的攀升幅度将更加陡峭。从 2018 年之后的增长，我们暂时没有取得权威的统计数据，但如果按照图 6-6 的增长趋势，一年就要翻十番，那么 2023 年的计算量就是一个天文数字，或者说用数字来说明已经没有意义了。

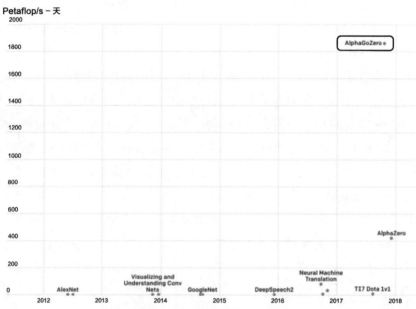

图 6-7　算力在 2012—2018 年的 7 年间增长了 30 万倍

资料来源：OpenAI

不仅仅是 LLM 参数的指数增长引发了算力要求，在应用端，LLM 正在将更大范围、更深度的人类活动信息直接转化为可用数据，引发全球数据量激增。根据 Google 统计，DNN 的内存和计算需求每年约增长 1.5 倍，而算力供给并没有满足这样的增长速度。2016—2023 年，英伟达 GPU 单位美元的算力增长 7.5 倍，GPU 算力提升约 69 倍，GPU 效率提升约 59 倍。虽然 GPU 的各种效率均有明显提升，但长期来看，算力需求每年增长约 1.5 倍存在一定的不可持续性，因为最乐观的估计是，英伟达 GPU 的算力供给每年增长 1 倍，按一般技术的发展规律，算力层面还需要一定程度的优化，否则很难和应用形成较好的正反馈效应。如何在 AI 算力上实现技术突破、降低成本、扩大规模，提升 AI 训练的边际效益，将成为技术创新的焦点。

由于缺乏计算能力，已经出现了阻碍 AI 发展的瓶颈。运行 ChatGPT 所需的计算能力规模是庞大的，像 GPT3 这样的大型语言模型在初始训练时需要大量的能量和计算能力。这部分由于即使是用于训练系统的最大的 GPU 的内存容量都勉为其难，必须使用多个处理器并行运行。即使是使用 ChatGPT 实时查询一个模型，也需要多核 CPU。这导致处理能力成为限制 AI 模型变得更先进的一个主要障碍。GPT3 是有史以来最大的模型之一，有 1750 亿个参数，根据英伟达和 AI 研究院的研究论文：即使我们能够在单个 GPU 中适应该模型，所需的大量计算操作也会导致不切实际的漫长训练时间。GPT3 在单个 V100 英伟达 GPU 上估计需要288 年训练时间，使用并行运行的处理器是加快训练速度最常见的解决方案，但它有其局限性，因为超过一定数量的 GPU，每个 GPU 的批量大小变得太小，进一步增加数量变得不太可行，同时成本也会增加。算力硬件已经成为 AI 的一个瓶颈，现实的极限大约是 1000 个 GPU，最可行的方法是通过专门的 AI 超级计算机来处理。即使 GPU 可以变得更快，瓶颈仍然存在，因为 GPU 之间和系统之间的互联不够快。当在一个 GPU 上训练了一个数据子集后，就必须把数据传递回来再分享出去，在所有 GPU 上做另一个训练，这需要大量的网络带宽和 GPU 上的工作。

2022 年，ChatGPT 在上线不到一周的时间里迅速走红，数十亿的请求被用来测试这个备受关注的系统。人们的兴趣如此之高，以至于该公司不得不实施流量管制，包括排队系统和放慢查询速度，以应对需求。这一事件凸显了维持像 GPT3/4 这样的大型语言模型所需的大量计算能力，而 GPT 正是建立在这一系统之上。GPT 和其他大型语言模型正在不断开发，挑战之一是如何改善 GPU 服务器之间的数据传输。工程中最快的吞吐量约为 800Gbps，尽管这已经很快了，但它并没有满足生成式 AI 行业人员对其增速的期望，因为目前模型的增速要远高于硬件的增速，特别是新一代模型正带着万亿级的参数扑面而来。如果 AI 开发者能够继续提高其算法的效率，这个问题就能获得缓解；如果做不到，硬件赶上软件需求的步伐就会被延迟。

"超级计算机"这个词出现在 20 世纪 20 年代末，CDC 6600（1964 年发布）被普遍认为是第一台真正意义的超级计算机。早期的超级计算机只使用几个极其强大的处理器，但在 20 世纪 90 年代末，计算机专家意识到，将数千个现成的处理器串联起来，将产生最大的处理能力。目前最先进的超级计算机拥有超过 6 万个大规模并行处理器，接近 Petaflop 的性能水平。即使如此，目前超级计算机的计算架构不能很好地满足 AI 的需要，因为它们需要特定类型的计算，比如张量运算（tensor computing）。英伟达和 Meta 等巨头正在开发的新的 AI 计算机将解决其中的一些问题。英伟达表示：数据中心的架构正在演进中，从原先的 CPU 作为单一算力来源，引入软件架构定义，再到增加 GPU、DPU，GPU、DPU 的引入，使得数据中心三种计算芯片分工明确，从而提升整个数据中心的效率。以 ChatGPT 为例，训练一次需要 $3.14\times E23$ FLOPS 算力，在模型参数数量不变的情况下，分布式框架对训练到推理的加速优化都十分显著。以英伟达 A100 为例，A100 早期训练效率只有 20%，经过分布式框架的优化，效率提升 30% ～ 40%，整体效率提升 50% ～ 100%。行业人士指出：解决算力瓶颈需要建立并行架构，以分布式和容错的方式支持这类专门的操作。为了达到 AIGC 检索引擎可以用"毫秒"速度提供数千个结果并加以提炼的效果，架构、AI 硬件和软件将需要大量的进一步的投资升级，行业正在探索更多的可能，包括通过新的数学模型，但操作类型尚未可知。

目前，OpenAI 已经发布了大型语言模型 GPT4。虽然在功率方面比 GPT3 大一个数量级，但也被认为是为了在同样的服务器负载下提供这种增加的能力。进一步开发大型语言模型将需要改进软件和更好的基础设施，有这两者的结合，再加上尚未开发的硬件，将是解决目前瓶颈的方法。对于基础设施来说，革命性的技术发生在新架构设计上，因为关键问题是以最有效的方式将计算分布在计算单元的集群中，这在功耗和维护方面也应该是具有成本效益的。就目前的模型而言，对大规模架构的需求将一直存在，也需要一些算法上的突破，比如对模型进行压缩。

6.3.2　惊人的碳排放

AI 行业经常被比作石油行业：一旦石油（对应的是数据）被开采和提炼，就可以成为一种获益丰厚的商品。现在看来，这个比喻需要进一步延伸：就像化石燃料会产生污染一样，深度学习的过程对环境也有很大的影响，包括计算资源的耗费。要制造下一代超级计算机并运行它们，对巨大能耗提出了新的要求，换言之，庞大的计算能力的生产和使用，最终都会转化为碳排放。人类是否可以按期望的那样，用绿色能源来解决这一问题，目前仍然是一个悬念。

在过去的两年里，越来越多的研究人员对深度学习成本的爆炸性增长敲响了警钟。据英伟达估计，到 2030 年数据中心能耗占全社会能耗的 3% ～ 13%。如图 6-8 所示，马萨诸塞大学阿默斯特分校的研究人员 Strubell 等人在 2019 年的一项分析表明，这些不断增加的计算成本是如何直接转化为碳排放的。他们对几种常见的大型 AI 模型的训练进行了生命周期评估，测量出这个过程会排放超过 626000 磅的二氧化碳当量，并把这个当量与几种人类活动进行了比较。结果发现，训练一个 AI 模型产生的碳排放量相当于五辆汽车终身的排放量，这还包括汽车制造过程的碳排放。这是长期关注环保的 AI 研究人员，在算力对环境破坏程度方面做出的令人震惊的量化分析。西班牙阿科鲁尼亚大学的计算机科学家卡洛斯·戈麦斯 - 罗德里格斯（Carlos Gómez-Rodríguez）表示：虽然我们中的许多人可能在抽象、模糊的层面上想到了这个碳排放的环保问题，但这些数字真的显示了问题的严重性。而之前人们可能只是在 AI 带来的那些令人惊喜的应用效果上欢呼了。

通用的碳足迹基准
二氧化碳当量 lbs

往返纽约和旧金山的航班（1名乘客）	1,984
人的寿命（平均1年）	11,023
美国生活（平均1年）	36,156
美国汽车，包括燃料（平均寿命1年）	126,000
Transformer模型（21.3 亿参数）	626,155

图 6-8　算力的碳足迹基准
资料来源：Strubell et al. 2019

　　他们在论文中还指出，这一趋势如何加剧 AI 研究的私有化，更多技术掌握到私营企业的手里。过于高昂的计算成本削弱了学术实验室在与资源更丰富的私营实验室之间竞争的能力，因为私营企业更能够提供商业产品，从而成为盈利的机器，所以更容易获得资本的青睐，算力对私营企业来说并不是一个焦虑的问题。为了解决这些问题，有些方案也浮出水面。例如，西雅图的非营利性研究公司艾伦 AI 研究所（Allen Institute for Artificial Intelligence）建议，研究人员在公布其模型的性能结果时，应始终公布训练模型的财务和计算成本。另外，OpenAI建议政策制定者增加对学术研究人员的资助，以弥补学术和工业实验室之间的资源差距。

　　这些碳排放并非都与生成式 AI 或 AIGC 有关，但需要表明的是，AIGC 有今天的惊人产出，是产生庞大碳排放的算力成果的一部分。随着目前生成式 AI 技术突破与 AIGC 的应用发展，碳排放是我们需要关注但可能并不迫切的问题，但总归是一个问题，因为碳排放这一种经济指标，已经出现在我们运用 AIGC 的总成本中。

6.4　对发展的慎重考量

6.4.1　安全的一体两面

　　就像钢铁侠在最终一刻，夺回了灭霸无限手套上的宝石来挽救人类一样，一个功能强大的兵器是发挥出正向或是负向的作用，以及发挥到什么程度，根本上在于它掌握在谁的手里。这似乎已成为 OpenAI 的 CEO 萨姆·奥特曼（Sam Altman）特别关心的话题。他表示：非常担心类似技术的研发者会忽略或放弃一些安全限制，那么社会如何在有限的时间里能够清楚这些威胁并应对呢？例如，是否需要采取适当的监管并如何监管？在新一轮的生成式 AI 激烈竞争的情况下，很多公司和超级大国都有可能将权力和利润放在安全和道德之上。AI 技术正在迅速崛起，它展现得五花八门，利弊共存，完全超越了目前缓增的政府监管体系。大量的资金被投入到智能软件的研发中，这个企业自发的行为过程完全没有政府或公众的监管，因此都带有不同程度的风险，可能是有意的也可能是无意的。即使 OpenAI 最大的合作伙伴——微软也曾如此，据称微软在印度市场测试的 Bing AI，其生成结果极其混乱并遇到了严重的问题，但这个产品随后还是在美国发布了。即使是 OpenAI 自己，到今天为止，它的模型对外还是封闭的。其新发布的下一代 GPT4 的"技术文件"表明，它们打算继续保持封闭的方式：由于像 GPT4 这样的大规模模型的竞争情况和安全影响，报告不包含有关架构（包括模型大小）、硬件、训练计算、数据集构建、训练方法或类似的进一步细节。原因有二：

- 开放意味着成果泄露，可能会给公司带来财务损失。
- 潜在的不怀好意的群体使用此技术造成不可预知的社会危害。

PassGAN 是一个密码生成与破解的 AIGC 工具。一方面它可以生成先进的密码来对系统进行保护，同时也可以用生成的密码来"猜测"破解他人的程序。换言之，它可以被用来合成和猜测高质量的密码，用于破解基于密码的认证。用户使用该模型甚至可以生成 100 万个高质量的密码猜测结果，那么破解成功只是时间问题。PassGAN 采用了深度学习算法和生成对抗网络技术，通过对大量密码数据进行学习和模型训练来实现智能密码的生成或破解。PassGAN 可以应用于信息安全领域的其他场景，如恶意软件检测、入侵检测等，反之亦然。随着 AI 模仿人类行为的能力的发展，其破解某些生物识别安全系统的能力也将随之提高，例如那些根据用户打字方式来识别用户的系统。趋势科技前瞻性威胁研究主管 Martin Roesler 在报告说：AI 已经被用于密码猜测、验证码破解和语音克隆，而且还有更多的恶意创新正在进行中。正如技术领导者需要了解 AI 如何帮助他们的组织达成正确目标的同时，必须要关注 AI 正加强犯罪网络攻击的复杂性和规模化，并提前开始准备应对它们[1]。

---

[1] How AI will extend the scale and sophistication of cybercrime，Ryan Morrison，2022。

AI 已经被网络犯罪分子用来提高传统网络攻击的有效性。欧洲刑警组织报告中指出的一个例子是：利用 AIGC 工具制作可以绕过垃圾邮件过滤器的恶意邮件。2015 年，研究人员发现了一个使用"生成语法"来创建电邮文本数据集的系统，这些文本被用来欺骗反垃圾邮件系统，并能适应并绕过不同的过滤器。研究人员还展示了使用类似杀毒软件的方法的恶意软件，它们采用 AI 代理来寻找恶意软件检测算法的薄弱点，像 PassGAN 一样可用于密码的猜测与破解。欧洲刑警组织在2020 年发现了犯罪论坛上积极开发的证据，他们预测，目前还不清楚这种发展有多先进，但如果有足够的算力支撑，AI 最终将能够破解如今无处不在的验证码。2020 年，欧洲警察机构 Europol 和安全供应商 Trend Micro 的一项研究表明：网络犯罪分子一直是最新技术的早期采用者，AI 也不例外。

网络犯罪分子也将能够产生更多的内容，用来欺骗人们。大型语言模型，如OpenAI 的 GPT3/4，可用于生成真实的文本和其他输出，可能有一些网络犯罪的应用。企业开始使用的以 AI 为动力的软件开发，也可能被黑客利用。欧洲刑警组织警告说，基于 AI 的"无代码"开发，使那些技术不过硬但有犯罪想法和动机的群体有了上手的作案工具。欧洲刑警组织警告说，随着 AI 被嵌入其中，恶意软件本身将变得更加智能。未来的恶意软件可以在机器上搜索文件，并寻找特定的信息，如雇员数据或受保护的知识产权。据预测，勒索软件的攻击也会因 AI 而得到加强。AI 不仅会帮助勒索软件集团找到新的漏洞和受害者，还会通过"监听"公司用来检测其 IT 系统被入侵的措施，帮助它们更长时间地隐蔽。

6.4.2　共同驾驭 AIGC

在以 ChatGPT 为代表的生成式 AI 技术迅速风靡互联网后，其在军事及情报领域可能具有的巨大潜在价值，也开始引起相关领域专业用户们的关注。负责美国军事网络基础设施建设及运维的国防信息系统局（DISA）已在考虑将生成式 AI纳入其新一财年"关注技术清单"（Tech Watch List），该名单以前以 5G、零信任网络安全和边缘计算等为特色。国防信息系统局首席信息官表示：该局将评估此类技术在实践中会对美国军方产生怎样的影响，近期也已开始与美国国防部旗下的创新机构国防创新单元（DIU）接触，讨论如何通过后者的某些项目来开展引进生成式 AI 的试点工作。但他也指出，现在讨论生成式 AI 技术在军事领域的实际用途可能还为时尚早。

以人力情报搜集与分析著称的中央情报局（CIA）对应用生成式 AI 这类新技术的态度则相对保守。尽管中情局在引入 AI 及机器学习技术来处理大数据、跟踪全球动态、强化情报分析能力方面已取得相当成效，并已自行组织开发了若干供内部使用的工具，但生成式 AI 技术在可预见的将来不可能替代人类情报分析师的作用。他们不认为中情局将来产出的情报分析报告会由聊天机器人来撰写，情报分析最重要的是要理解决策者提出的问题并想方设法进行回答，而非生成并推送一大堆似是而非的"答案"，而这对当前的 AI 及机器学习技术发展水平来说太过前卫了。

DISA 与 CIA 两种相似但不同的态度，正好再次表明了生成式 AI 的优势与劣势。对国防信息系统局来说，生成式 AI 是一个必须关注的领域，这对于改进整个国防部系统化工作是有优势的，因为内部也有很多人等待着从繁重的常规工作进一步解放出来，以专注于国防军事本身更重要的事务，但出于生成式 AI 目前不可信与不准确的隐患，在军事的应用上并不明朗。中央情报局的观念表明了我们在前文提及的生成式 AI 在应对复杂问题与感情方面的不足，情报工作是最为复杂的工作领域之一，之所以称为情报，因为它可能并不公开存在而需要获取，而重要的情报通常不会是现成的资料，它需要的不是对现有资料的摘取或总结，相反，它要求真实并保持原有的样子，在积极获取的过程中，它的来源可能是一段对话，也可能是一个表情或手势，这一切信息的获取能力需要经过专业的训练才能逐步培养出来。

AIGC 改变人类学习和经验的潜力也引发了不安：谁应该控制这些工具的创造和使用？我们是否可以把社会和经济发展引擎的钥匙交给一小群技术专家？不得不说，当涉及无处不在的 AI 的整体发展时，保证技术的建立和使用符合道德规范是一个重要的考虑因素。为了探讨这些挑战，世界经济论坛在一次虚拟会议上召集了 20 位高级慈善领袖，他们代表的机构包括：施密特家庭基金会（Schmidt Family Foundation）、万事达卡包容性增长中心（Mastercard Center for Inclusive Growth）和贝格鲁恩研究所（Berggruen Institute）。他们的谈话反映了慈善家对 AI 正向的潜力，以及更深入地了解如何利用、引导和管理这些工具以防止滥用，并确保它们被用于社会公益的必要性的浓厚兴趣。这些对话促成了一个新的全球 AI 行动联盟的启动——一个让慈善家和技术领袖共同参与开发道德 AI 实践和工具的平台。他们还促成制订了一项行动计划，有助于让慈善机构更深入地参与 AI 的建设进程。该计划包括以下四个关键领域：

（1）**对学习的承诺**。虽然一些基金会精通技术，但慈善事业作为一个领域并没有走在数字转型的最前沿。但是，不应该把慈善事业对 AI 的挑战和潜力的回应留给少数关注技术创新的基金会。广泛的慈善组织，无论其重点是什么，都需要投资学习 AI，在整个领域和受资助者中分享他们的观点，并调整传统战略以纳入这些技术。

（2）**将 AI 融入关键的拨款领域**。基金会领导人不应该把涉及 AI 和数据的议题交给 IT 团队，而应该考虑这些技术如何影响他们的关键重点领域。例如，教育成果可以通过提供更好的语言翻译的 AI 技术来解决，增加对在线学习平台的访问，以及互动教学工具。AI 也可以在解决食品不安全等问题上发挥不可或缺的作用。在决策和规划过程的每个阶段，慈善家都应该问：AI 的潜在应用是什么？有什么好处和风险？

（3）**投资于安全的数据共享**。慈善机构的优势是可以在某一特定领域或地区的众多组织中进行考察，并有能力支持数据和技术知识的汇总和共享。AI 工具依靠大量的数据来学习和确定诸如公共安全、卫生等问题的模式。但对许多非营利性组织来说，积累有意义的数据或安全地存储和分析他们收集的数据是具有挑战性的，特别是由于预算资金匮乏。慈善组织应发挥核心作用，支持通过数据合作组织和数据信托基金等工具，使受赠者更容易获得数据。这些实体将原本由独立团体持有的数据联系起来，甚至为小型非营利性组织提供强大的数据和分析能力。与许多商业数据收集来源不同，它们还通过确保数据的保密性和仅用于其预期用途来解决隐私问题。例如，喜马拉雅白内障项目旨在通过简单而廉价的白内障手术治愈世界各地的白内障患者，该项目正在建立一个共享框架，以便在眼科保健组织之间收集、分发和使用病人数据。这个共同的标准不仅让卫生工作者更好地了解如何治疗可能由多个组织提供服务的病人，而且还通过对数据的使用方式实施严格的指导，确保他们的隐私。

（4）**听取广泛的来自不同领域的声音**。关于技术的发展、所有权和使用的对话应该扩大到慈善家、活动家、政策制定者和商业领袖促进那些了解社会所面临的问题的人和那些能够建立解决方案的人之间的讨论。

在 2021 年世界经济论坛的圆桌对话中，麻省理工学院计算机学院院长、麦克阿瑟基金会董事会主席丹·胡腾洛赫（Dan Huttenlocher）认为：AI 可以帮助我们跨越面临的一些社会挑战，但我们必须设计它来做到这一点。没有所谓的天生的"好技术"——我们必须让它为我们工作。

AIGC 到底是会加速人类发展还是会对人类构成更大威胁，目前我们难以定论，它需要人类共同的驾驭。在各行各业，AIGC 驱动下的各类应用正排山倒海而来，AIGC 在过去的半年中充分展示了其"天使"的一面，并让大家更加期待。但人们还不够了解它"魔鬼"的一面，这需要我们秉承"智性向善"的价值观来驾驭。我们的期望在于以下三点：

（1）新一代生成式AI可有助于提升全人类的"情商"，人类可以在更清晰地认知彼此的基础上，审时度势做出清醒而理智的决策，以减少不必要的摩擦与伤害。

（2）基于AIGC不断升级"智商"，带来更多前瞻性的判断，为人类建设美好明天而提供重要线索与战略价值。

（3）让AIGC平民化、普惠化、亲善化、健康化，而不是造成严重的圈层化甚至两极分化。

正如我们看到的，慈善机构也正利用其独特优势，积极参与到推动AI合法合规使用的倡议和行动中来。AI不仅仅是一项技术，也不是把世界发展的钥匙交给一小部分技术人员就可以了，AI是涉及技术革命的新生力量。世界是靠大家共创、共建、共享的，AI应该也必然会在更为广泛的关注、使用、反馈和治理下获得长足的发展。

附录 A
AI 生成的本书知识图谱

我们利用 AIGC 工具对全书内容作了整体解析，产生了如下三种典型的知识图谱，作为阅读的补充和参照。通过知识图谱，读者可以一览全书的重点及重点之间的关联，以期为获取新知或实践提供线索。

图 A-1 为词云图，展示了频次最高的关键字：生成、内容、数据、模型、技术、工具、应用、问题、人类等。

A-1　词云图

图 A-2 为网络关系图，展示了书中内容都与"内容、模型、数据、技术、人类、用户产生"等关键词有最强的关联。

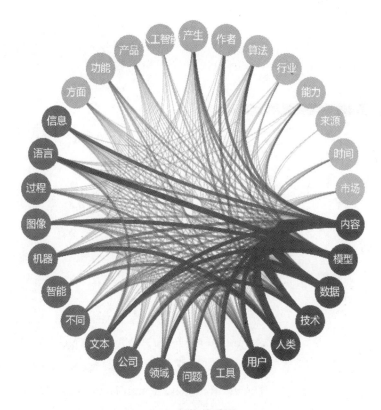

A-2　网络关系图

图 A-3 也是网络关系图，展示了关键词间关系的强弱，最强的包括模型与数据、人类与内容、模型与过程、语言与模型等。

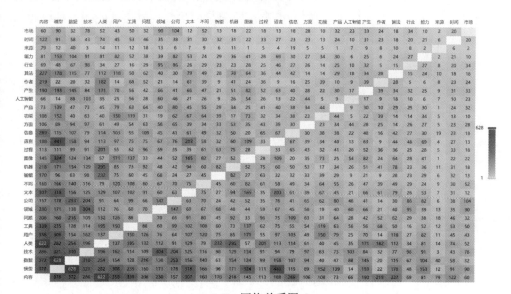

A-3　网络关系图

后 记

感谢量子位智库、Alan D. Thompson、Henning Schoenberger、SONYA HUANG、PAT GRADY、Pedro Palandrani、Jenna McNamee、Rob Toews、Natalie Redman、Karen Hao、Vilas Dhar、Kay Firth-Butterfield、Strubell 等在生成式 AI 及 AIGC 领域的研究成果和撰文，虽然我与作者素不相识，但我借助 AIGC 的工具找到了他们，并拜读了他们的精彩洞见。他们的内容已写得足够优秀，不像 AIGC 工具生成的内容需要我深度编辑，因此我可以直接引用作为本书内容的某些部分。当 AIGC 工具天天疯狂地在互联网上采集各类数据的时候，作为人类作者的我们，应该更多对内容把关——让有用且正确的知识扩散，让垃圾内容消失——避免机器人误食了"垃圾知识"之后，把更垃圾的消化物反过来又喂给人类。

当然也要感谢 AIGC 工具和它们的创造者，感谢为技术的创造发明做出重大贡献的优秀人类，没有他们，就不会有本书的写作计划，我也无法在短时间内完成本书。本书有些章节的内容是借助 ChatGPT、Midjourney、微软图像生成器等 AIGC 工具生成的。

如果有电子书，还可以用 Soundraw 创造一些背景音乐。基于 AIGC 工具的智能输出，作为人类作者的我，为诸多的内容优化了整体的框架和逻辑，将内容形成递进的结构并注入了人情味。

随着 AIGC 进入寻常百姓家，技术派哲学家自信地、简单地把包括人类发展的一切过程，归结为输入和输出，而中间是一个计算的过程。他们指的计算不一定是现在的 CPU/GPU 计算，而是一种内在的各种要素相互交织影响的模式。在逻辑层面，这似乎很有道理，但社会派哲学家不这样认为，这把对人类发展的理解平面化和机械化了。人类发展的复杂性及其对世界的影响是非常微妙的，输入的内容和输出的结果也并不总是按期望产生，就好比 AIGC 经常表现出不成熟的一面一样。如果输出的过程是得不到控制的，那么这个输入和输出的模式是没有太大意思的，它仅是技术控制的方法论。反之，如果输入和输出的过程是可以得到控制的，那么这显然不是人类的本质。人类的创意、灵感与遐想从来不是由什么特定的输入而造成的，没有什么算法可以真正地模拟这个过程。就像不太可能再有人像牛顿一样，被一个掉下来的苹果砸出对力学定律的发现，也不可能像阿基米德一样，在洗澡时就发现了浮力定律（当然这些故事可能是刻意编撰的，但它说明了人类在深度思考中产生极不寻常的智慧的过程及其偶然性）。偶然性是必然的，而必然性则是偶然的。如果我们一定要用"输入、计算和输出"三个过程来归纳人类的进程，那么要明确三点：第一，要在输入时抱有敬畏之心；第二，所谓的计算是一种相互的影响，而不仅是逻辑的推导；第三，输出并不可控，它只是在矛盾中前行而已。所以人类与社会的发展还是应该回到普适的概念——它是一个螺旋式上升的过程，在复杂体系的自我纠错与纠偏中不断进化。

AIGC 的兴起，引起了新一轮关于"到底是机器控制人类，还是人类控制机器"的争论，事实上，有些人已被机器控制了，比如沉溺于游戏或短视频，或其他的 AIGC 娱乐工具的人。这就像给自己编织了一个美丽舒适的牢笼。相反，有些人却无法使用手机，更不能上网，因为需要整天待在芯片工厂里搞研发，他们作为创造这些智能机器的重要的一分子，把控着后摩尔定律的前行。那些商业应用的创造者，希望借助新技术为用户创造价值的同时获得收益增长，但也面临着一定风险。可能每个人都被短暂地控制过，但最终我们需要控制机器并利用好机器——这跟社会发展的基本逻辑一样——我们也将在复杂体系的自我纠错与纠偏中不断进化。

李海俊